Pocket of Craft

超轻黏土手办

造物口袋工作室 编著

从入门到精通

全国百佳图书出版单位

化学工业出版社

·北 京·

内容简介

手办(收藏性人形模型)受到很多年轻人关注和喜爱，传统的手办以树脂材料为主，造价较高且制作需要掌握相当专业的技巧；而超轻黏土是一种新型、环保、无毒、自然风干的手工造型材料，利用超轻黏土塑造的手办作品美观精致且易于保存。

本书是一本超轻黏土手办制作的入门级书籍，内容由易到难，从认识超轻黏土开始，介绍了制作超轻黏土手办的材料、工具、基本制作技法，Q版人体设计制作要点，并以布偶兔、小魔女相框、小水手、小狐仙、紫阳花布丁几个有代表性的实例为基础，详细介绍了超轻黏土手办的制作步骤。案例典型，步骤清晰，且给出不同的搭配建议，便于读者掌握超轻黏土制作手办的技法并举一反三。作者团队有专业的画师，随书附赠手办原画，为读者提供原创的思路；同时书中还提供案例制作中的难点教学视频，读者可以根据视频逐步学习，掌握更多黏土制作的细节和技巧。

本书适合想要入门超轻黏土手工，喜欢Q版人物超轻黏土手办的新人或有经验的小伙伴阅读使用。读者通过对本书的学习，既可以从零基础起步实现用超轻黏土制作手办的逐步进阶，也可以精进技法，做出更好的超轻黏土手办作品。

图书在版编目（CIP）数据

超轻黏土手办从入门到精通 / 造物口袋工作室编著
. —北京：化学工业出版社，2022.6
ISBN 978-7-122-41078-8

Ⅰ . ①超… Ⅱ . ①造… Ⅲ . ①粘土—手工艺品—制作
Ⅳ . ① TS973.5

中国版本图书馆 CIP 数据核字（2022）第 051634 号

责任编辑：王清颢 张兴辉
责任校对：刘曦阳 　　　　　　装帧设计：北京数字城堡文化传播有限公司

出版发行：化学工业出版社（北京市东城区青年湖南街 13 号 邮政编码 100011）
印 　装：河北京平诚乾印刷有限公司
710mm×1000mm 1/16 印张 15 字数 248 千字 2022 年 8 月北京第 1 版第 1 次印刷

购书咨询：010-64518888 　　　　售后服务：010-64518899
网 　址：http://www.cip.com.cn
凡购买本书，如有缺损质量问题，本社销售中心负责调换。

定 　价： 98.00 元 　　　　　　　　　　　　　版权所有 违者必究

前 言 / Preface

　　手办（原是套装模件的意思，现泛指所有收藏性人形模型）是深受很多年轻人欢迎的商品，尤其在盲盒盛行后，手办更是受到更多玩家的关注和喜爱。传统的手办以树脂材料为主，造价较高且制作需要掌握相当专业的技巧，因此很多手办的价格居高不下。由于一些新材料的出现，一些手工达人开始致力于手办的自制，这种自制类的手办既能让人收获自制的成就感，又能降低手办的价格，其中超轻黏土的手办受到广泛好评。

　　超轻黏土是一种新型、环保、无毒、自然风干的手工造型材料，利用超轻黏土塑造的手工作品美观精致且易于保存，其较强的可塑性让超轻黏土手工充满了趣味。本书是一本将超轻黏土和手办制作相结合的黏土手办制作入门级的书籍，意在教会读者运用超轻黏土，通过自己动手制作出想要的手办模型。

《超轻黏土手办从入门到精通》从认识超轻黏土开始，内容由易到难，介绍了制作超轻黏土手办的材料、工具、基本技法，并以几个有代表性的实例为基础，详细介绍了超轻黏土手办的制作步骤。

本书的创作团队来自造物口袋工作室。创作者们有的是因为喜欢而选择了这个专业，有的是为了实现儿时的梦想，还有的是与黏土偶然结缘……因为内心有热爱，从而在黏土手办这条路上努力、坚持。造物口袋工作室有很强的原创能力，制作的手办精美，而且有专业的画师，随书提供手办原画，为读者提供原创的思路。为了便于读者学习，我们还随书附赠案例制作中的难点教学视频，读者可以根据视频掌握更多黏土制作的细节和技巧。

接下来，大家按照书中的顺序和步骤开始制作吧！

造物口袋工作室

目 录 / Contents

133 ▶ 第6章
超轻黏土手办——小狐仙的制作

182 ▶ 第7章
超轻黏土手办——紫阳花布丁的制作

超轻黏土手办
从入门到精通

本书附加资源

资源类型	页码	内容
视频	20	如何练习画脸部线条
视频	45	如何捏制馒头脸
视频	134	小狐仙素体制作
视频	153	如何制作毛绒效果
视频	206	如何制作身体——紫阳花布丁
视频	208	如何做腿（1）——紫阳花布丁
视频	208	如何做腿（2）——紫阳花布丁
视频	223	如何做手——紫阳花布丁
原画	25	布偶兔原画
原画	44	小魔女原画
原画	83	小水手原画
原画	133	小狐仙原画
原画	182	紫阳花布丁原画

第1章
进入超轻黏土
手办的世界

本章主要向大家介绍超轻黏土手办和超轻黏土手办制作工具。了解了这些,我们就可以开始学习超轻黏土手办的制作了。

1.1
认识超轻黏土

超轻黏土是手办制作中较为常用的材料，也是主要材料。本节主要帮助大家初步认识超轻黏土。

1.1.1 超轻黏土的由来

我们或许在小时候都接触过橡皮泥，这种可塑性强的神奇黏土逐渐发展成了超轻黏土。

传统的橡皮泥是由石蜡、橡胶、聚氯乙烯糊状树脂等主体材料组成的，并且添加了凡士林、苯二甲酸二丁酯、苯二甲酸二辛酯。在不断的改良过程中，人们制出了一种可塑性强、无毒无味无刺激、色彩鲜艳的材料，就是超轻黏土。它的成分和橡皮泥不一样，超轻黏土主要是运用高分子材料发泡粉（真空微球）进行发泡，再与聚乙烯醇、交联剂、甘油、颜料等材料按照一定的比例物理混合而成。由于膨胀，它的体积较大、密度很小，而且做出来的作品干燥后的重量是干燥前的 1/4，作品极轻且不易碎。

超轻黏土首先在德国出现，又传遍了欧洲，接着传到了日本和韩国以及中国。随着中国经济的迅速发展，大家对于兴趣培养的需求不断增加，学习和研究超轻黏土的玩家越来越多。

1.1.2 超轻黏土的分类和特性

超轻黏土一般可以分为常规超轻黏土、专业超轻黏土、树脂黏土、奶油土四种类型。

（1）常规超轻黏土。常规超轻黏土延展性比较好，颜色丰富鲜艳，容易塑形但表面易风干（表面风干时间一般为，具体表面风干时间根据当地气候决定），内部风干为24小时左右，风干后呈泡沫状，风干后的作品有一定的变形。

（2）专业超轻黏土。与常规超轻黏土没有太大的区别，但相比于常规超轻黏土，其有一定的稳定性，不易表面风干，材质更为细腻，材料的密度更大，风干后不易出现裂痕与变形。

（3）树脂黏土。树脂黏土又称为面包土(Wheat Clay)、面包花泥、面粉黏土、麦粉黏土等，可塑性高，富柔软性，风干后表面光滑，能做出更轻薄、更透明的作品，常用于仿真花卉，并广泛用于较薄的衣服与轻柔的头发当中。

（4）奶油土。奶油土为更新型的黏土，但是相较于普通的超轻黏土，奶油土的质地更加柔软、流动性更大，可以通过裱花嘴挤出各种奶油的形状，并因此得名。现广泛用于手机壳的装饰与食玩作品中。

1.1.3 超轻黏土与其他材料相比具备的优势

表1-1是超轻黏土、软陶泥、橡皮泥、石塑黏土、油泥、翻糖等几种常用塑形材料的特性比较。

表1-1 几种常用塑形材料特性比较

分类	超轻黏土	软陶泥	橡皮泥	石塑黏土	油泥	翻糖
材料	环保材料	工业原料	面粉团	面粉团	工业黏土	糖
密度	超轻黏土是一般黏土的1/4	大	大	大	大	大
气味	无味	无味	含天然麦糠味道	无味	无味	天然糖味
油腻度	不油腻	油腻	润泽	不油腻	油腻	油腻
手感	手感细腻，不污染环境	质地硬、不掉色	材料柔软、不掉色、不粘手	材料柔软、不掉色、不粘手	材料柔软、不掉色、不粘手	手感细腻
色彩	色彩绚丽、色泽纯正	色彩绚丽、色泽纯正	色彩绚丽、色泽纯正	常规通用色	常规通用色	色彩绚丽、色泽纯正

混色	色彩可自由调配，变幻无穷	易混色	颜色可调配	无需混色，翻模上色	无需混色，翻模上色	颜色可调配
可塑性	易造型，黏性强，拉伸强度大，可做精细物品	易造型，黏性强，拉伸强度大，可做精细物品	不易造型，需用模具成型，黏性不强，无拉伸强度	易造型风干可刀削，黏性不强	黏性强，质地硬，可塑性极强，对温度敏感，微温可软化塑形	易造型，黏性强，拉伸强度大，可做精细物品
作品保存	易定型，不会裂开，色泽亮丽	需要高温定型，可长期保存，易碎，色泽亮丽	不易风干、建议可重复利用	可长期保存，易碎	常温保存	易定型，不会裂开，色泽亮丽
附加色彩	可用水性记号笔，水彩颜料和丙烯颜料等附加色彩	可附加色彩	可附加色彩	可附加色彩	不宜附加色彩	可用色素附加色彩

1.1.4 学习超轻黏土手办的益处

目前我们看到的手办大多数都是先建模或者手工做出原型，再通过分件、翻模、涂装、装配形成的，期间需要投入大量的时间和资金，所以市面上的手办产品都是大多数人喜欢并且热度比较高的角色。如果我们喜欢的角色没有出作品或者我们想要一个原创的角色该怎么办呢？学习超轻黏土的制作，可以让你做出自己喜欢的作品！

青少年学习超轻黏土制作还可以锻炼 3D 立体思维能力，培养对美感的认知，培养对事物的观察能力，培养耐心。

1.2
超轻黏土手办制作工具

　　因为超轻黏土手办的制作需要精细，所以各种塑形工具、剪刀和刀片工具、模具、妆面工具、擀片用具等都是必不可少的。本节分别讲解这些工具的使用方法及使用要领，大家可以根据自己的需要选择适合的工具。

1.2.1 塑形工具

　　（1）锥形工具：呈锥形，表面光滑无刺，通常用于戳孔或戳压塑形。

　　（2）刀状工具：呈刀形，表面光滑无刺，通常用于未风干的黏土切割、划痕、纹路制作。

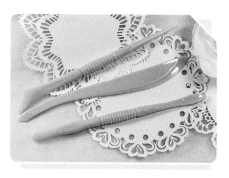

　　（3）勺形工具：呈勺形，表面光滑无刺，通常用来为复杂位置完成塑形工作。

　　（4）丸棒：一端有个不锈钢小球，有各种规格，通常用于压圆窝。

　　（5）细节针：呈针状，通常用于非常细小位置的塑形。

1.2.2 剪刀和刀片

（1）长刀片：切割大片超轻黏土用，常用于制作大片衣服、大片头发、长条发丝、长条等。

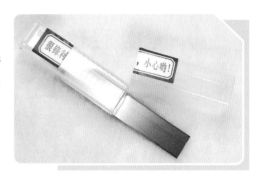

（2）短刀片：切割小片超轻黏土用，常用于制作小片发片、小件零件、小片衣服等。

（3）细节直剪：常用于修剪细节处，如手指、发丝、衣服边角等。

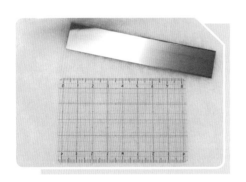

（4）细节弯剪：常用于修剪不规则细节处，可使修剪面自然平整。

（5）花边剪：用于制作
不同需求的花边造型，如蕾丝
花边、波浪花边、锯齿花边等。

其中手工剪刀又有长刃和短刃的区别，长刃剪刀一般用于剪裁服装，短刃剪
刀一般用于修剪头发丝之类的细节。

1.2.3 模具

（1）脸模：通常材质为硅胶，
将超轻黏土填入硅胶中再进行脱
模，脱模后晾干即可获得完整的超
轻黏土脸。

（2）体模：通常材质为硅胶，
体模分为一体体模和上、下半身体
模，将超轻黏土填入硅胶中再进行
脱模，脱模后晾干即可获得完整的
超轻黏土身体。

（3）装饰模具：通常材质为硅胶，包含蝴蝶结、冰花、翅膀等装饰配件模具，用法为将超轻黏土或 UV 胶填入硅胶中再进行脱模，脱模后晾干即可获得完整的超轻黏土配件或 UV 配件。

1.2.4 妆面工具

（1）化妆刷：毛刷状，通常用于色粉的涂刷。

（2）色粉：是一种有颜色的粉末物质，也是一种颜料。

（3）勾线笔：用于花纹和面部的绘制，线条较细，多为狼毫勾线笔，笔头有大小长短之分，面部绘制多为00000 型号，花纹绘制多为 000 型号。

（4）颜料：常用颜料为丙烯颜料和水彩颜料。

1.2.5 擀片用具

（1）擀面杖：用于擀薄片。

（2）文件夹：常用透明文件夹，目的是隔离超轻黏土与其他物品的接触，更好将黏土擀成薄薄的片。

1.2.6 插板和辅助器

（1）蛋形辅助器：呈鸡蛋形，多作为头发制作与晾干的平台。

（2）亚克力插板：常与牙签一同使用，将需要晾干的超轻黏土插上牙签并放置在插板板洞中进行晾干。

（3）压花打孔器：常用来给干透的超轻黏土薄片压花，可压出不同的花纹形状。

（4）人偶骨架支撑棒：超轻黏土常用的骨架为透明亚克力棒（下图）、铜棒、铁丝、铝丝。

（5）切割板：用于保护刀片、保护桌面。

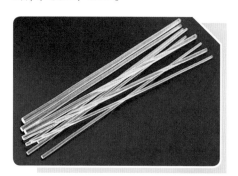

（6）酒精棉片：用于打磨超轻黏土粗糙处、除灰、除污。

1.2.7 胶水

（1）502 和缓干胶：用于风干后的超轻黏土之间的黏合。

（2）白乳胶：用于不同材料与风干后超轻黏土的黏合。

（3）透明 UV 树脂胶：无需调配、快速凝固，6W 紫外线灯固化时间 2~3min，一般配合 UV 灯可制作透明材质的不同造型配件或进行特效处理。

1.3
超轻黏土手办作品欣赏

在学习制作超轻黏土手办之前，有没有非常期待自己亲手做出来的手办摆在书桌上的样子？以下是本书超轻黏土手办案例，有没有让你想要快速开启你的手办之路呢？

超轻黏土手办"布偶兔"

超轻黏土手办小水手

超轻黏土手办"小魔女"相框

超轻黏土手办 "小狐仙"

超轻黏土手办 "紫阳花布丁"

第 2 章
Q 版人体比例
与草图绘制

在手办人物制作中，通常用夸张的 Q 版形式来表现人物。本章主要讲解什么是 Q 版，Q 版人物的身体变化，Q 版面相绘制要点，以及如何绘制动态草图。

2.1
什么是 Q 版?

    Q 版是一种漫画的变形夸张形式。在动漫中通常会将人物进行夸张和变形处理,从 2 头身到 10 头身都有,一般 2~4 头身会被理解为 Q 版人物。

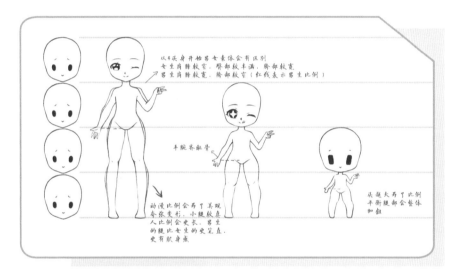

    以下示例分别是 2 头身人物、3 头身人物、4 头身人物。

动漫人物比例和现实中人物的比例是不一样的，大家可以通过以下两个作品的对比，观察躯干的变化。

观察以上案例不难发现，Q版人物会将人物进行简化，将躯干的比例缩小，重点突出人物头部和表情，抛弃一些细节并且把一些特点夸张、放大。

2.2
Q 版人物的身体变化

Q 版人物的身体变化主要体现在腿部、手部和头部，本节主要对这些变化做详细介绍。

2.2.1 腿部变化

一般 Q 版人物的腿很圆润、可爱。Q 版人物的腿部会根据头身比进行细节简化，头身比越大越没有明显的肌肉轮廓和关节细节的区分。

下面以腿部变化效果进行举例。

2.2.2 手部变化

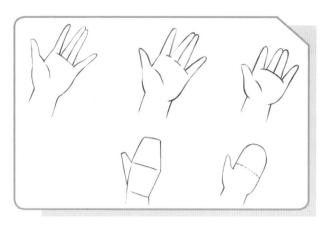

在制作 Q 版人物的
四肢时，手部结构也会
根据头身比进行简化，
在标准比例的基础上忽
略一些细节，使形状变
得圆润可爱。

下面以手部变化效果进行举例。

2.2.3 头部变化

Q 版人物的脸型大致分为无鼻馒头脸和有鼻包子脸，有鼻包子脸的款式相对无鼻馒头脸更多，面部结构也更细致一些。头部是 Q 版人物最重要的部位之一，因为头大，人物的五官和发型都很突出，是视觉焦点。所以可以重点设计头部造型，组合成各种各样的人物特征来展现人物的个性和风格。

下面以头部变化效果进行举例。

2.3
Q 版人物面相绘制要点

因为 Q 版人物的头部是重点，所以如何设计合适的表情是塑造人物个性的重要方式，表情可以体现出角色情绪，不一样的眼睛形状可以体现角色性格，夸张的表情可以使人物更加灵动。

　　Q版人物面相绘制比较重要的是眉毛、上眼线、眼尾位置。面部绘制的要点请扫码看视频。接下来针对眼型搭配眉毛表达人物性格和情绪进行讲解。

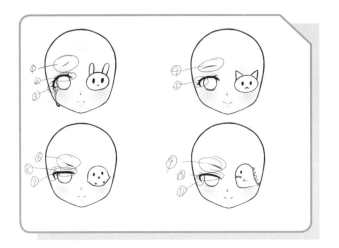

扫二维码看视频

2.3.1 眉、眼线、眼尾的处理

　　（1）眉毛主要用来表达角色的情绪，上图四个脸的眉毛部分①④⑥⑨能看出通过绘制不同方向、角度的眉毛可以表达出不同的角色情绪。

　　（2）上眼线通常用于表达角色气质，一般情况下上眼线的弧度越圆润，人物的气质越柔和或者充满活力，反之上眼线越平滑，角色气质越强硬，例如上图脸的眼线部分②⑧⑩。

　　（3）眼尾的形状和位置，既可以表达角色情绪，也可以表现角色气质，将上眼线和眼尾结合就能基本确定这个人物的眼睛形状和角色气质。眼尾位置越靠下的角色，气质越单纯可爱，也有可能会显得情绪低落如上图⑤；眼尾越上挑，角色气质越强硬、热血，如上图⑪，而整体在中间位置的眼线和眼尾一般用于表达比较冷静的气质如上图⑦。

　　在上面三个部位的基础上，我们再添加一些其他的变量也可以改变角色的情绪和气质，比如第一张脸中加入了眼泪如上图③，可以将情绪升级，原本可能表达无奈情绪的脸变得悲伤又有点哀怨，这样可以让人物表情更有感染力。

2.3.2 眼睛的处理

在绘制眼睛时，虹膜部分（黑眼球）和瞳孔的位置也很重要。虹膜部分的位置既可以表达角色情绪，也可以表现出人物的视线方向。当虹膜部分并不与上眼线和下眼线相交时，通常用于表达惊讶情绪，有时也用于表现很有活力的角色气质。

下图中①的眼睛视线是正视前方的，所以虹膜部分和瞳孔都在中间位置。

下图中②的虹膜部分被上眼皮覆盖很多，且虹膜部分和瞳孔位置也靠上，这就是一个视线正在往上方看的眼睛。

下图中③的虹膜部分和瞳孔位置都靠下，所以虹膜部分被下眼皮覆盖较多。这是一个视线往下看的眼睛，搭配面相其他部位也可以用于绘制一个高傲或者鄙视的表情。

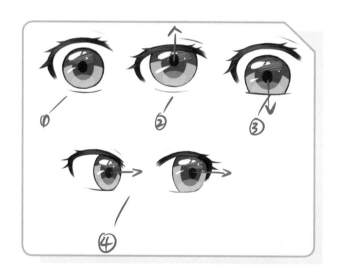

当眼睛的视线靠左或者靠右时，需要注意的是两只眼睛虹膜部分露出的面积不同。上图中④是一个往人物左边方向看的眼睛，此时因为两只眼睛是有一定距离的，而左眼离当下注视的事物更近所以转动幅度比较小，而右眼因为距离当下注视的事物更远，所以虹膜部分转动弧度更大，于是会露出更多的眼白（可以自己对着镜子实验一下）。而瞳孔的位置要稍微偏左，这样看上去眼睛才聚焦。不能画一个往左看的眼睛而瞳孔却是正视前方的。

2.3.3 脸部表情的处理

（1）动漫表情会对脸部线条进行
简化和夸张，下图中搭配合适的妆容
和动作来表现开心的氛围。

（2）搭配合适的眼型和嘴型还有
配饰来体现角色的气质。

（3）利用适当的动态和表情搭配，
做出一个疑惑的表情。

（4）甚至可以极度简化面部表情
来制作人物，例如豆豆眼（如下图）、
聊天常用的颜文字表情包。

2.4
如何绘制动态草图

    在进行黏土制作的时候，人物动态是非常重要的，没有美术基础的制作者，往往很难比较精确地通过人物图片制作出正确的人体动态。而制作手办时，制作者常常要通过图片来进行一个作品从平面到立体的实现。初学者可以尝试从绘制动态草图开始，逐步了解人体动态的结构。

    首先我们把人体进行几何化，也就是把人体拆分成简单的几何图形。

    绘制动态草图不需要有精美的线条。绘制草图只是起辅助作用，最终目的是让绘画者通过练习理解人体各种动态的规律。我们可以先从一个火柴人开始来确定自己想要的人体的大概动态。在动态草图中，代表肩膀和胯部的线条是最重要的，人体很多的动作变化都是以肩膀和胯部的扭动为基础来进行变化的，手部的动作一般需要肩膀的带动，而腿部的动作往往需要胯部的带动配合。

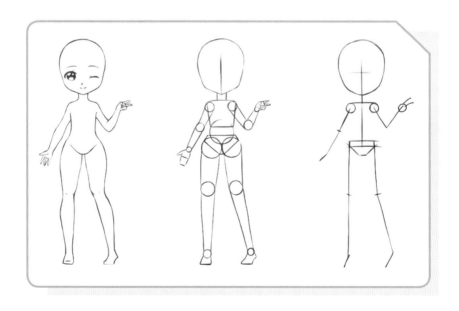

我们把人体各个关节积木几何化，可以按照下列几何形进行解构。

（1）胸腔—梯形；

（2）胯部—三角形；

（3）关节—小圆形；

（4）腹腔—大圆形；

（5）四肢—上宽下窄的梯形；

（6）手脚—不规则几何拼接。

在熟悉这套方法后，就可以给几何形加上厚度（也就是立体化）来表示身体各部位。最后再根据这些来绘制出人物的素体动态（这一步没有硬性要求，初学者通过来理解动态就足够了）。

以下面小狐仙的成品效果图为例。分析她的动态，可以看出人物的上半身是有转身扭动的，有一点歪头，那么在制作的时候就需要制作出这些扭动动态。没有电子设备的话也可以使用硫酸纸叠加在图片之上来绘制人物的几何动态。

这里需要注意，人的脊柱是 S 形的，并不是直直的一条（上图右下角中的蓝线表示脊柱）。

第 3 章

超轻黏土手办
——布偶兔的制作

本章开始讲解实例布偶兔的制作。

【本案例的主要材料及工具】

　　手工垫板、西瓜红色黏土、白色黏土、黑色黏土、牙签、泡沫晾干台、压泥板、抹刀（细节针）、三件套工具、小剪刀、白乳胶、色粉、腮红刷、丸棒工具、黑色丙烯颜料、丙烯调和液、勾线笔、磨砂擀面杖、文件夹、棒针、钳子、珍珠配件、五角星模具。

扫码下载原画

3.1
布偶兔头部的制作

布偶兔的头部选用简单的球体作为基础素体，搭配鼻子、恶魔角、耳朵等结构组合而成，整体造型呆萌可爱。

3.1.1 制作头部主体

步骤 1. 按 3：5 比例取西瓜红色黏土和白色黏土混合调出浅粉色黏土，这里需要多调一些浅粉色的黏土备用，多余黏土保存在自封袋或者密封 PP 盒中。

步骤 2. 取适量黏土（取决于你想制作多大的布偶兔），用手掌心把调好色的黏土搓成一个圆球。

步骤 3. 用手掌把搓好的球形轻轻压扁一点。

步骤 4. 用指腹把圆球调整成近似饭团的形状。

步骤 5. 把捏好的黏土团插上牙签，并固定在泡沫晾干台上晾干。

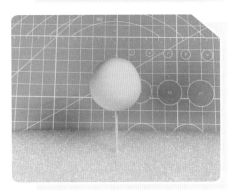

步骤 6. 等头部部件晾干后（用手指稍微用力捏扁后会反弹回原样），用调好色的浅粉色黏土搓一个稍小的椭球形安装在头部当作鼻子。

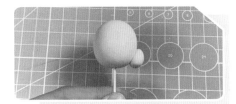

步骤 7. 用工具划出兔子嘴部线条，此处可以用抹刀或者细节针都可以。

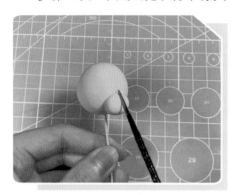

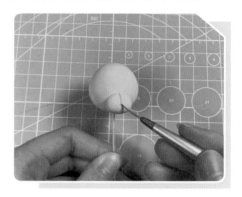

步骤 8. 取少量黑色黏土搓成圆球放在眼睛位置。

步骤 9. 用抹刀把眼睛压平。

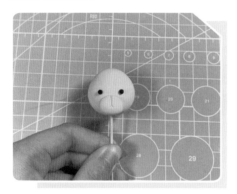

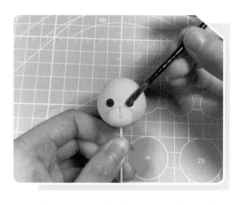

步骤 10. 用黑色黏土搓一个小圆球放在鼻子位置。

步骤 11. 取白色黏土搓成一大一小两个圆球放在眼睛位置压扁做高光效果。重复以上步骤，做另一只眼睛。

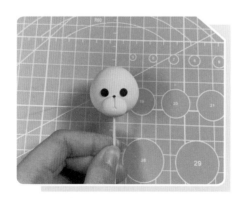

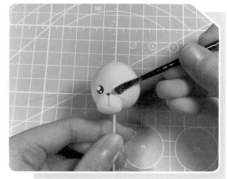

3.1.2 制作耳朵

步骤 1. 接下来开始制作兔耳朵，取调好的浅粉色黏土搓一个梭形。

步骤 2. 用压泥板把搓好的梭形压扁，厚度大概为 2mm。

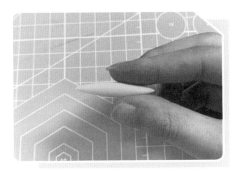

步骤 3. 取黑色黏土按照步骤 2 的方法压制成梭形薄片贴在制作好的浅粉色耳朵上。

步骤 4. 用三件套工具的刀形工具背面辅助弯折其中一个兔耳朵。（看个人喜好，也可以跳过这步）

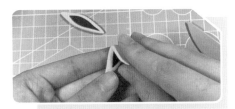

步骤 5. 把兔耳朵用小剪刀斜着剪出与头部接触的部分。（注意：这里修剪的角度需要贴合兔子头部）

步骤 6. 用白乳胶把做好的耳朵粘贴在头部。

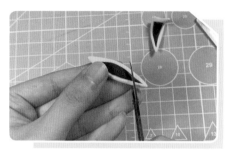

3.1.3 制作恶魔角

步骤 1. 用压泥板斜着搓出黑色水滴形，等到半干时使用小剪刀快速剪下需要的长度作恶魔角。

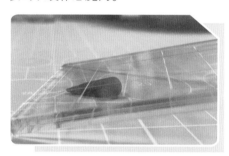

步骤 2. 用牙签蘸取白乳胶把做好的恶魔角粘贴在做好的兔子头部的额头上。（也可以粘贴在自己喜欢的其他位置）

3.1.4 绘制脸部腮红

步骤 1. 蘸取粉色色粉，没有色粉可用腮红、眼影盘、彩色粉笔末代替。

步骤 2. 用腮红刷以打圈的方式给布偶兔进行腮红上色晕染，完成头部制作。

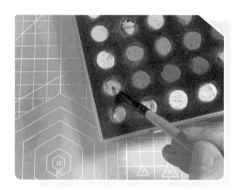

3.2
布偶兔身体的制作

布偶兔的身体用水滴形黏土塑形做素体，在此基础上粘贴四肢和肚皮等结构，搭配蝴蝶结、五角星等细节装饰物点缀，整体造型饱满丰富。

3.2.1 制作身体主体

步骤 1. 接着用之前调好的浅粉色黏土做身体部件。（这里取土量至少是头部取土量的两倍）先用手把黏土搓成一个圆形，然后倾斜压泥板把黏土搓成一个胖水滴。

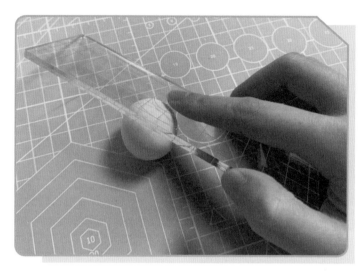

步骤 2. 用压泥板把胖水滴的头部
压扁。

步骤 3. 利用大拇指指腹把黏土稍微弯折一下。

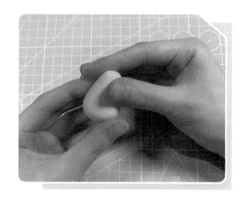 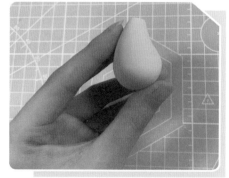

步骤4.用丸棒工具压出两个凹坑。(不用追求一次到位)

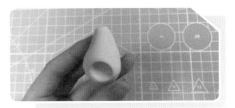

步骤5.把步骤4做好的身体主体用牙签插上稍微晾干,方便后期塑形。

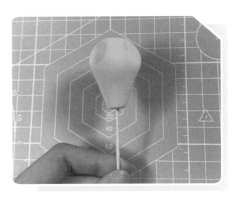

步骤6.步骤5做好的身体主体用三件套工具的刀形工具在两边划出布偶接缝纹路,完成后插在泡沫晾干台上晾干。

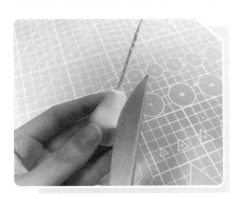

3.2.2 制作布偶肚皮

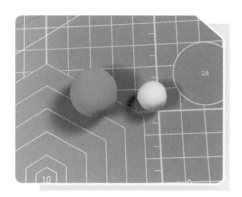

步骤 1. 按左图比例取西瓜红色黏土和白色黏土进行调色。

步骤 2. 按下图比例取深粉色黏土搓圆，用压泥板压平成圆片。

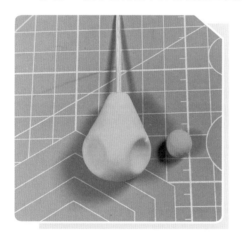

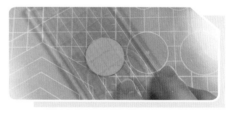

步骤 3. 把深粉色黏土圆片贴在晾干的布偶兔的肚子中间。

步骤 4. 用两个大拇指把多余的圆片压进腿部凹坑。

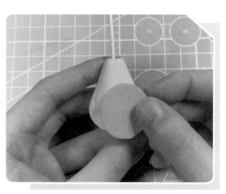

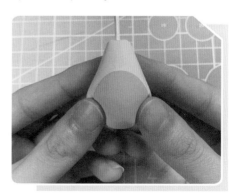

3.2.3 制作布偶腿部

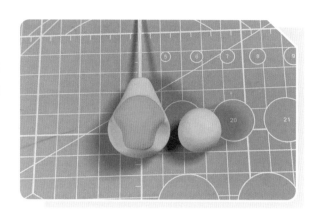

步骤 1. 取之前调好的浅粉色黏土搓成圆球，如右图中的大小。

步骤 2. 将步骤 1 做好的圆球用压泥板搓成圆台，并且用压泥板把其中一端压平。重复上述过程做好两条腿，然后把两条腿接在身体做好的凹坑里。

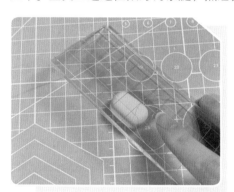
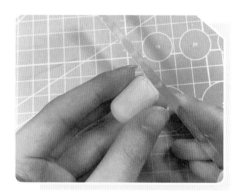

步骤 3. 用三件套工具的刀形工具划出腿部布偶接缝。

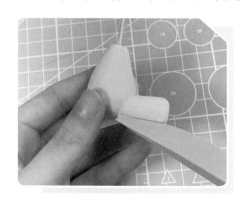
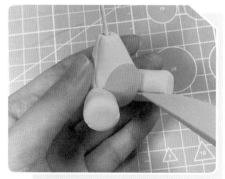

步骤 4. 黑色丙烯颜料用丙烯调和液调和后，用勾线笔在布偶接缝处画出虚线装饰。

3.2.4 制作布偶手臂

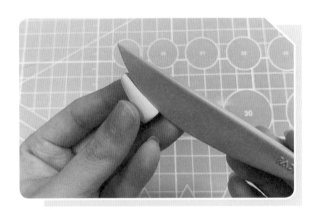

步骤 1. 制作布偶兔的手臂，用刀形工具压出布偶接缝。

步骤 2. 把做好的布偶兔手臂接在身体上。

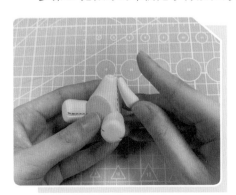
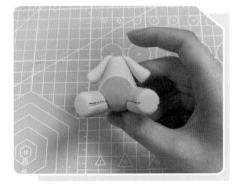

3.2.5 制作身体细节

步骤 1. 取黑色黏土用磨砂擀面杖搭配文件夹擀片。

步骤 2. 用刀形工具将步骤 1 的黏土片切割出一个正方形贴在兔子左腿。

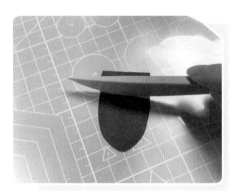
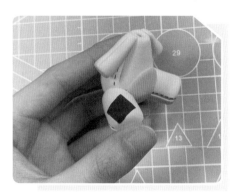

步骤 3. 取黑色黏土用压泥板搓细条，并用小剪刀将搓好的黑色泥条剪成一节一节的短线形黏土。

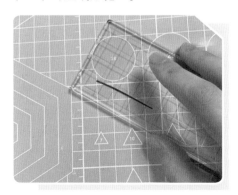
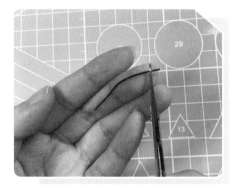

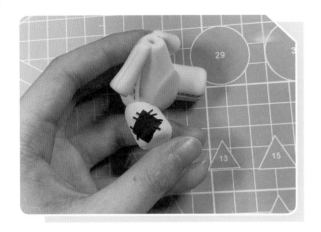

步骤 4. 把短线形黏土粘贴在正方形黑色补丁上。

步骤 5. 用黑色黏土搓成椭球形压扁做两个扁片，成叉形贴在身体上。

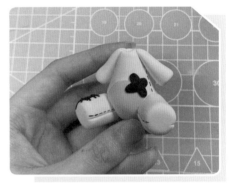

步骤 6. 取调好的深粉色黏土做成圆形泥片贴在兔子脚底部。

步骤 7. 用黑色丙烯颜料在兔子脚底部画上爪印。

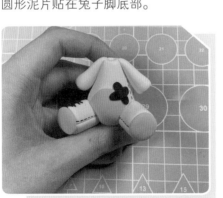

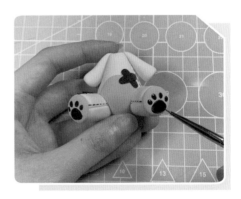

步骤 8. 做一片黑色圆形泥片，用小剪刀剪出一个三角形缺口。

步骤 9. 剪好后的泥片贴在兔子脖子上，调整形状做成小披肩。

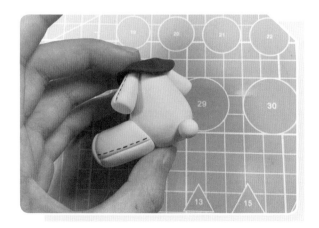

步骤 10. 取浅粉色黏土搓一个小圆球，将小圆球粘贴在做好的布偶兔身体后面，作兔子尾巴。

3.3
蝴蝶结装饰的组装及添加

布偶兔的头部和身体分别制作完成后，开始用牙签拼接组装。衣领部分单独制作一个蝴蝶结元素装饰品，搭配珍珠让整体效果更加精致。

步骤 1. 取一根牙签从脖子中间插进兔子身体，用钳子剪掉多余的牙签部分。（注意预留的牙签不能比头部长，否则会戳穿布偶兔头部，破坏整体造型）

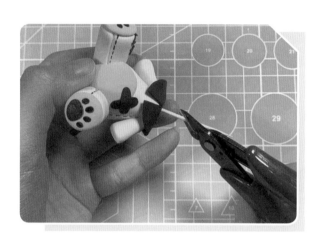

步骤 2. 把白乳胶涂在牙签上，连接做好的兔子头部。

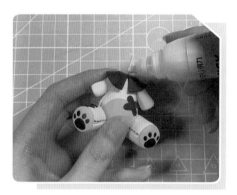

步骤 3. 取黑色黏土搓成梭形，再压成薄片，然后从中间剪成两截。

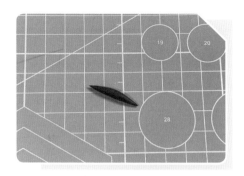
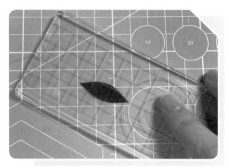

步骤 4. 把步骤 3 剪好的 2 个泥片如下图所示粘贴在小披肩领口处。

步骤 5. 压一个大概 2mm 厚度的梭形泥片，从中间剪开，剪成两个一样的锥形。

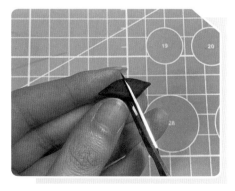

步骤6. 把2个圆锥形泥片尖尖对尖尖拼成一个蝴蝶结，并用棒针在中间压出蝴蝶结折痕。

步骤7. 加上自己喜欢的配件，例如珍珠配件和五角星模具。

步骤8. 配饰粘贴完成后，黏土手办布偶兔的制作完成。

小贴士：做好的黏土手办可以放在防尘罩中作摆件。

第4章
超轻黏土手办——
小魔女相框的制作

本章讲解超轻黏土手办——小魔女相框的制作。主要

是小魔女人物面部的绘制，还有躯干、手臂、衣服、头发、

帽子等的塑造；结合手绘相框，以及南瓜和蝙蝠元素的制

作，最后搭配在一起完成作品。做完后的黏土相框不管是

摆在家里，还是作为礼物赠送亲友，都非常不错哦！

【本案例的主要材料及工具】

脸模、手工垫板、彩色铅笔、丙烯颜料、勾线笔、

眼影刷、色粉、相框、丙烯笔、空白纸、切圆工

具、剪刀、黏土、白乳胶、擀面杖、文件夹、刀片、

花边剪、蛋形辅助器、棒针、压泥板、翅膀模具、

竹签、压花器、南瓜硅胶模具。

扫码下载原画

4.1
小魔女面部的绘制

扫二维码看视频

步骤 1. 准备一个空白脸（脸的制作可参考 1.2.3 中内容或扫码看视频），用铅笔（彩色铅笔也可以）在脸上将眼睛的大概形状画出来，（需要注意两只眼睛是否对称）并勾画出嘴巴的形状。

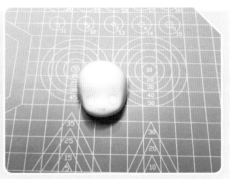

步骤 2. 用勾线笔蘸取浅紫色的丙烯颜料将整个眼睛铺满颜色。调色的时候适当地加点水，可以使颜料不那么浓稠，铺色更加顺滑。

步骤 3. 用紫色丙烯颜料在整个眼睛从上往下的五分之三处画一道直线，并把直线以上铺满颜色。

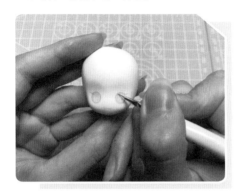

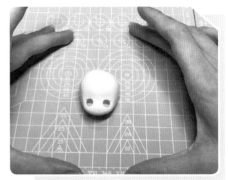

步骤4.用熟褐色丙烯颜料将嘴巴及牙齿的轮廓勾一遍,并用白色的丙烯颜料将牙齿颜色填满。勾线的时候注意线条的流畅,可以用纸巾将勾线笔多余的水分去掉,再在脸上进行绘制。

步骤5.用眼影刷蘸取粉色的色粉,在脸颊的位置以打圈的方式上腮红。为保证色粉上色均匀,眼影刷蘸取色粉后,可以在纸上先刷两下,然后以薄涂多层的方式上色。

4.2
相框背景的制作

相框的背景制作是在相框自带的白色卡纸上,用丙烯颜料手绘出绚烂多彩的背景。本处绘制的是天空背景,再用白纸剪一个圆形的月亮来营造氛围。

步骤1.准备一个相框,并将相框里的白色卡纸拿出来备用。

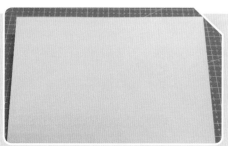

步骤 2. 用大的丙烯笔刷蘸取紫红色的丙烯颜料，从卡纸的左上角位置开始，以平拉的画法，在卡纸上铺色。可直接用丙烯颜料上色，无需用水调，注意铺色的时候往同一个方向铺。

步骤 3. 接下来用蓝色的丙烯颜料，以同样的画法铺颜色，并用紫色的丙烯颜料，在紫红色和蓝色之间做过渡。在铺色的时候一定要记得用笔保持一个方向，不然整个颜色会显得比较乱。

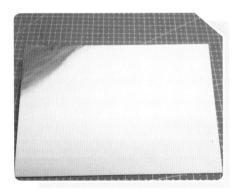

步骤 4. 最后用黑色的丙烯颜料铺色，在蓝色和黑色中间，也要记得用深蓝色做过渡。一层颜料如果铺得不均匀的话，可以用同样的方法，把这个颜色铺两到三次，最后呈现的颜色就会比较自然。

步骤 5. 准备一张空白纸，用白色加土黄色丙烯颜料调出淡黄色，然后用大的笔刷，以同样的平拉画法在白纸上铺色。

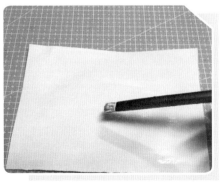

步骤6.颜料干了以后，用切圆工具在纸的背面画一个圆形，然后用剪刀沿着圆形的边缘修剪，得到的圆形作为月亮备用。

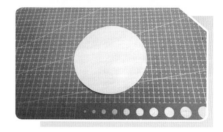

步骤7.将准备好的月亮贴在上好色的卡纸上，做相框背景。

4.3
小魔女的制作

小魔女人物造型突出了黑色魔杖、礼帽、服装等主要特征，选用了蝴蝶结、糖果、五角星元素进行装饰。整体色调在黑白颜色的基础上用橘色、紫色点缀，使整体画面看起来活泼。

4.3.1 制作身体

步骤 1. 准备肤色的黏土，先搓成圆球，使表面光滑，然后在手心将黏土搓成上窄下宽的柱体。注意取土量，参考下图中黏土在垫板上的对比大小。

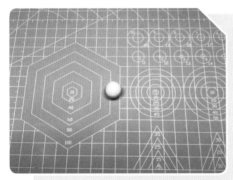 

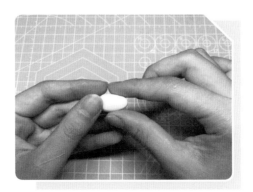

步骤 2. 用手指将柱体窄的一段稍稍压扁，然后用拇指和食指将压扁的那一端往中间捏，把脖子捏出来。其间注意掌握手的力度，不要将脖子捏得过于纤细，并且注意调整整体形状和表面平整度。

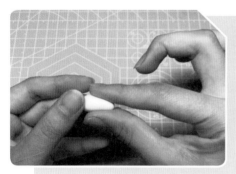
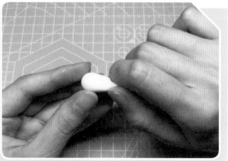

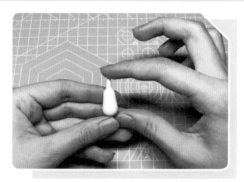

步骤 3. 将准备好的身体背面涂上白乳胶，然后粘在背景卡纸上，接着用剪刀将脖子多余的长度剪掉。粘身体之前先在卡纸上找一下位置，确定好了之后再涂白乳胶，避免位置出现偏差。修剪脖子的时候也要注意不要剪多了，可以将长度预留长一点。

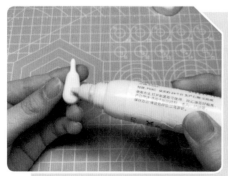

4.3.2 制作衣服

步骤 1. 准备白色的黏土搓成长条，然后用擀面杖将黏土擀成片，接着用刀片将黏土裁成长约 10cm，宽约 1cm 的长条。擀片的时候注意不要擀太厚，厚度掌握在 1mm 左右，尽量擀得均匀一些。

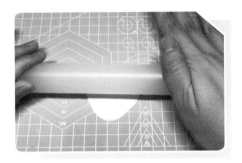 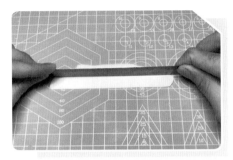

步骤 2. 将裁好的长条捏住两边往中间推，按照"工"字形折出花边，重复多次，得到一个完整的花边褶皱。为了防止长条粘在一起，可以等半干的时候折，或者在长条的表面刷点爽身粉。

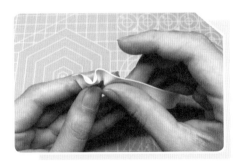 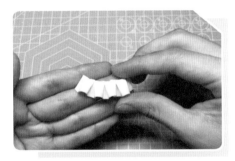

步骤 3. 将准备好的花边贴在身体上，注意贴的位置，不要过于靠上，也不要太靠下以致放不进相框里。

步骤 4. 准备一片黑色的黏土片，用刀片裁成三角形，接着用小切圆工具将领口位置切出来。

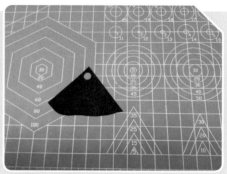

步骤 5. 用花边剪刀修剪下方裙摆，并将领口也修剪一下。

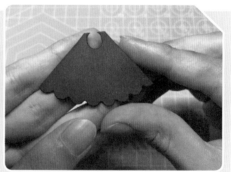

步骤 6. 将修剪好的黏土片放在身体上，调整黏土片的位置，然后用剪刀剪去多余的部分，做出裙摆。

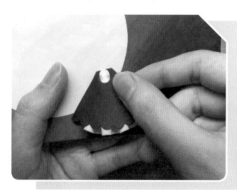

步骤 7. 裁一条橙色的细条，然后在背面涂上白乳胶，接着以波浪的形状粘在裙摆上。

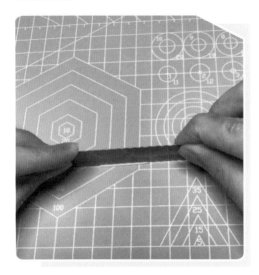

步骤 8. 准备一团紫色的黏土，用手指搓成梭形，然后用剪刀在中间的位置剪开。接着以尖对尖的形式粘在波浪花纹上，用牙签在中间压一下，得到一个小的蝴蝶结。

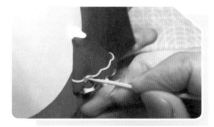
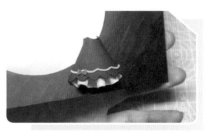

步骤 9. 以同样的方式，将其余的花纹也做好。

步骤 10. 用黑色黏土搓一条上窄下宽的条，然后以中间的位置为准，两只手指往中间用力，做出袖子的形状。

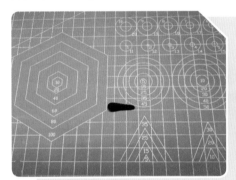 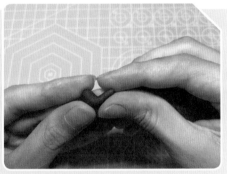

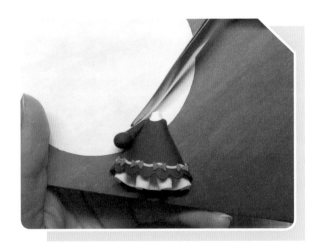

步骤 11. 将准备好的袖子粘在身体上，并且以同样的方式将另外一只袖子也做好。

步骤 12. 用剪刀将白色的黏土片剪成下图的形状，然后将其放在肩膀，调整位置后剪去多余的部分，得到衣服的领子。

 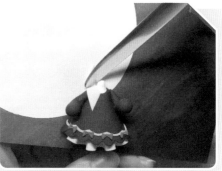

步骤 13. 用橙色的细黏土条，以拼接的方式，做领子上的花纹（注意花纹的位置），剪去多余的部分。

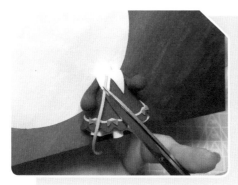 

4.3.3 制作头发

步骤 1. 用刀片将绘制好的脸以图片中的位置及角度切好，然后在脸的背后
贴上黏土，并固定在身体上，固定的时候注意头部的角度和位置。

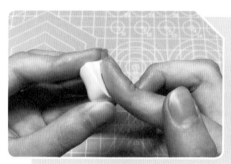

步骤 2. 准备好浅棕色的黏土做头发，用手掌将黏土团搓成两边尖中间宽的
梭形。

步骤 3. 将黏土块放在蛋形辅助器上，用手掌将它压成两边薄中间厚的发片，然后参考下图中的位置，固定在卡纸上。

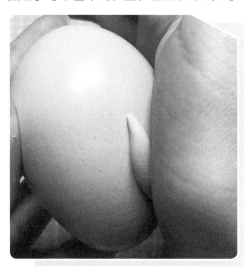

步骤 4. 准备一条更大的黏土条，以同样的方式，用蛋形辅助器调整发片的形状，然后修剪末端。

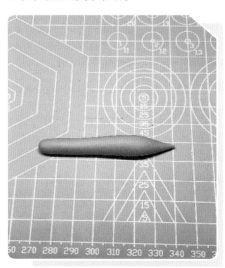

步骤5.用剪刀剪出头发的分叉，然后调整剪痕和形状，接着按照下图的位置，将头发片固定在人物上，并剪去多余的部分。

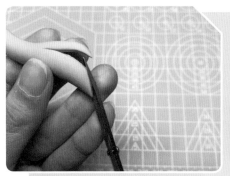
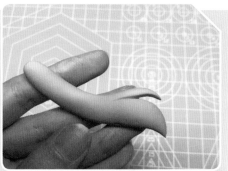

步骤6.以同样的方式，做出另外一片小的发片，然后按照下图的位置，固定在人物上。如果发片太大或者太长，可以用剪刀修剪。

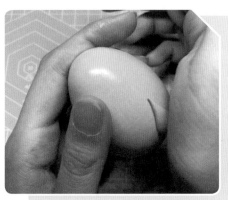
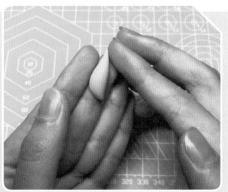

步骤 7. 接着以同样的方法做另外一片大的发片，并调整形状。

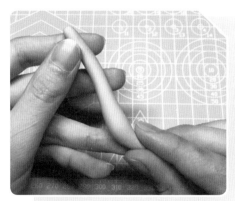 

 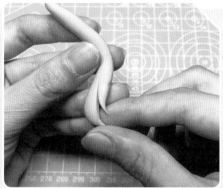

步骤 8. 将发片固定在人物上，用剪刀剪去多余的部分，然后调整发片的形状和动态。

步骤 9. 准备一个小黏土球，将它用手指搓成图中的形状，然后用棒针压出头发的纹路。

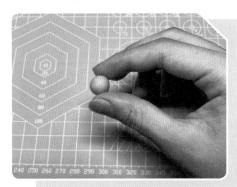
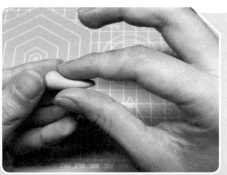

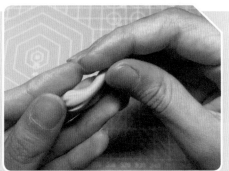

步骤 10. 用剪刀修剪形状，然后固定在脸颊两边，作为人物的侧发，其间注意调整头发的走势和形状。

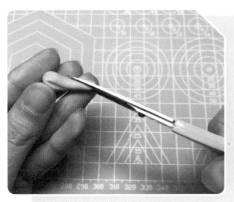

步骤 11. 以同样的方式做出另外一边的侧发。

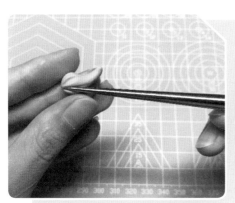
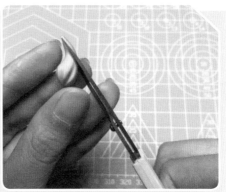

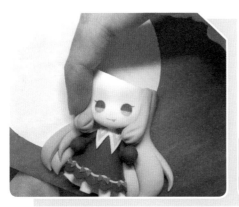

步骤12. 准备一个小黏土球，然后用棒针围绕一个中心点，压出纹路，接着固定在侧发的末端。以同样的步骤做另一侧。

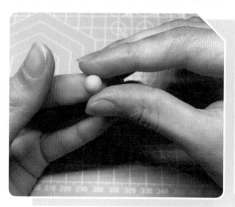
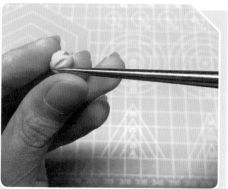

步骤13. 准备一个更小的黏土球，用手指搓成如图的形状，然后用棒针压出纹路，作为发尾。

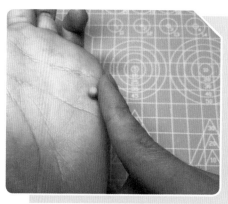
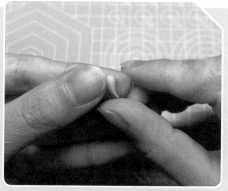

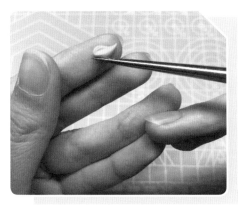
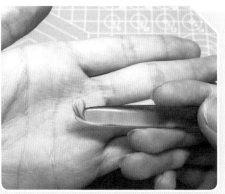

步骤 14. 将发尾粘在侧发末端，以同样的方法将另外一边的也做出来。

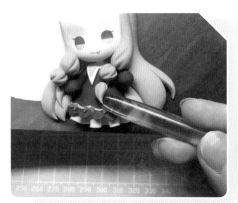

步骤 15. 准备一片稍短一点的发片，用剪刀剪出头发的分叉。

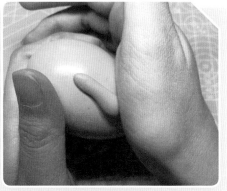

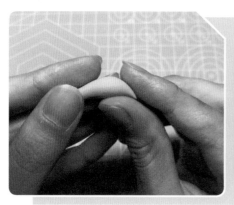 

步骤16.用手指调整发片的形状，然后贴在头部侧方，作为人物的刘海，然后剪去多余的部分。

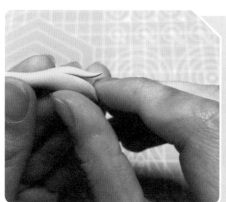 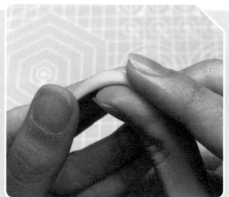

步骤 17. 用同样的方式做出另外一侧的刘海，做时注意参考图片，留意发片的形状和头发分叉的位置。

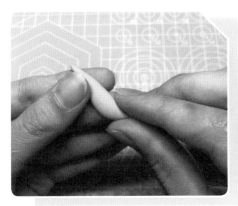
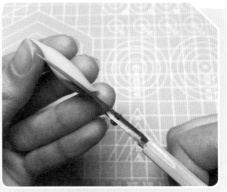

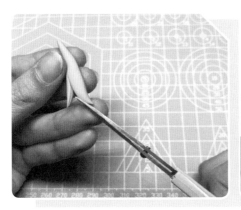

步骤 18. 将准备好的发片下端用剪刀修剪整齐，然后按照图中的位置剪出头发分叉的形状。

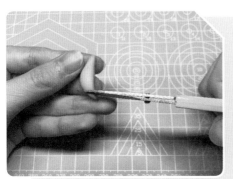

步骤 19. 将调整好的发片贴在额头上，贴时注意发片的位置。

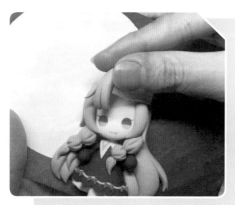

步骤 20. 以同样的方法，按照图中形状和分叉的位置，做出另外一片发片，然后贴到额头上。

步骤 21. 参考图中的发片，做完最后一片刘海，然后粘在额头的空隙上。

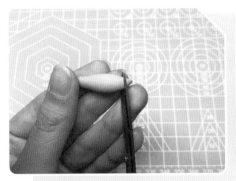
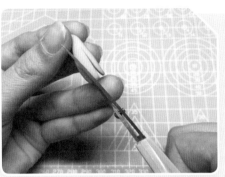

步骤 22. 用工具做最后的调整，然后剪去多余的部分，完成整个头发的制作。

4.3.4 制作帽子

步骤 1. 准备一片橙色的黏土片，用刀片裁成下图中的形状。

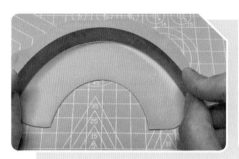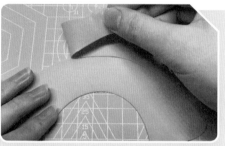

步骤 2. 用花边剪将裁好的黏土片剪成下图的形状，长度约 7.5cm，宽度约 2.5cm。

步骤 3. 擀一片黑色的黏土片，将准备好的橙色黏土片粘在黑色上，修剪出帽檐的形状。

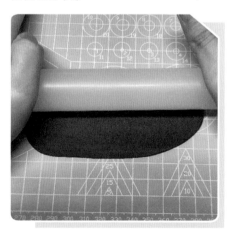

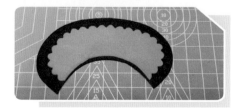

步骤 4. 把准备好的帽檐在两边预留对称的情况下，平放在卡纸上，确定帽檐的位置。然后用手指将帽檐平按在头顶固定，将两边预留的帽檐塞到头发后面，完成整个帽檐的制作。

步骤 5. 准备一团黑色的黏土，搓成圆锥体，然后将底部卡在蛋形辅助器上，调整形状，做出帽尖大概的样子。

步骤 6. 用棒针按图中位置，压出大概的压痕，然后弯曲，调整形状，做出帽尖。

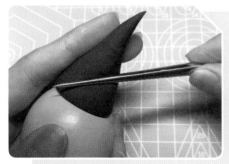
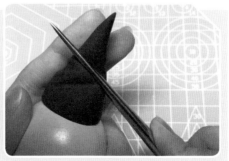

步骤 7. 把准备好的帽尖放在人物上，用工具调整完善整个帽子的形态。

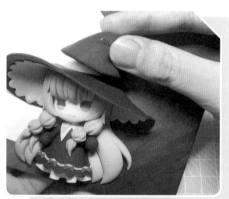

步骤 8. 裁一条宽约 1cm 的黑色黏土长条，将它固定在帽尖和帽檐连接的地方，用工具调整，然后剪去多余的部分。

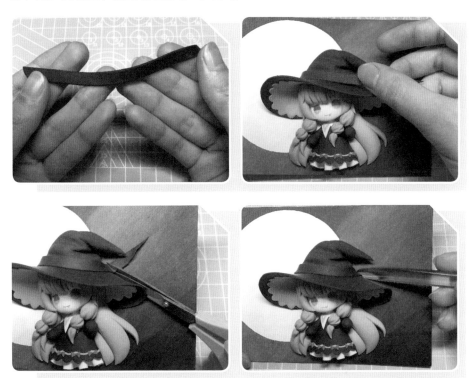

步骤 9. 把橙色的黏土搓成图中的形状，用压泥板压扁，然后对折，将尖的部分粘起来，剪去多余的部分，以同样的方式做两片，拼合起来，即就做好一个蝴蝶结。

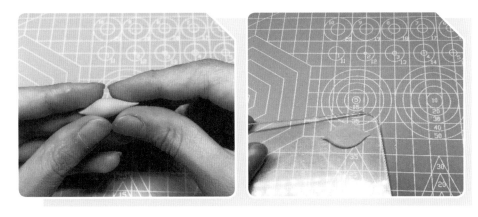

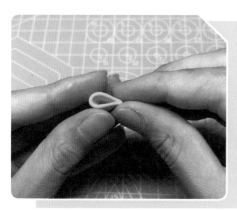 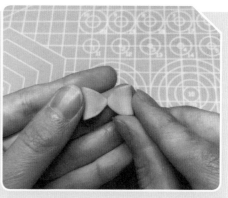

步骤 10. 以与步骤 9 同样的方式用黑色黏土做出一个更小一些的蝴蝶结，然后用棒针压出蝴蝶结的褶皱。

 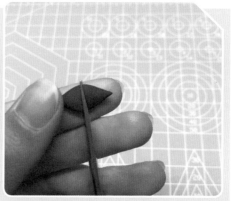

 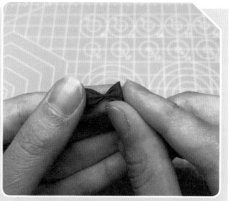

步骤 11. 将黑色的蝴蝶结粘到橙色的蝴蝶结上，然后用工具把中间的位置压平。

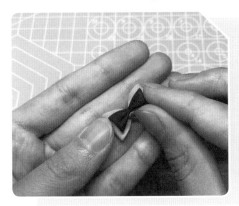

步骤 12. 橙色的黏土团稍稍压扁，然后捏成椭圆形，用工具按照图中的走势，将南瓜的纹路压出来，粘在蝴蝶结中间。

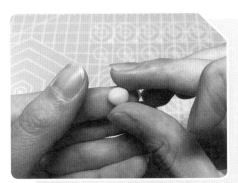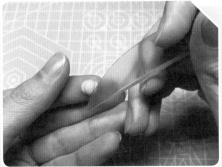

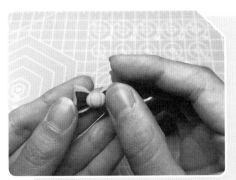

步骤 13. 用黑色的黏土片，剪两个小的钝角三角形，做小南瓜的眼睛。

 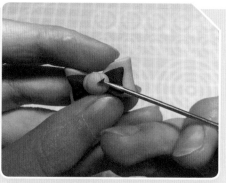

步骤 14. 继续用黑色的黏土片，按照锯齿的形状，剪出南瓜的嘴巴，并粘起来。

 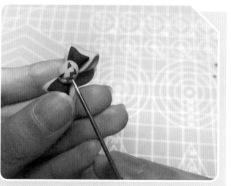

步骤 15. 用黑色的黏土填满翅膀的模具，再翻出完整的小翅膀，然后固定在蝴蝶结上。如果不好翻的话，可以把翅膀先留在模具里，等干了再取出来。

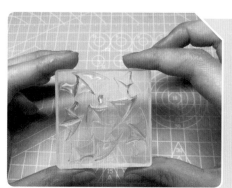 

步骤 16. 裁两条紫色的细长条，粘在帽带上做装饰。

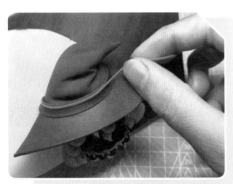

步骤 17. 将蝴蝶结按照图中的位置，粘在帽子上。

4.3.5 制作镰刀道具

步骤 1. 擀一个稍厚的黑色黏土片，准备一根约 10cm 的竹签，将黏土按照图中的方法，裹在竹签上，用刀片裁去多余的部分，接着用压泥板前后搓动，得到一个光滑的黑色棍子，剪去多余的部分。

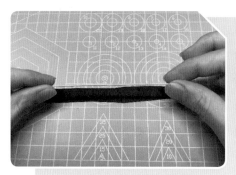
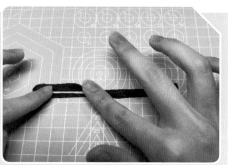

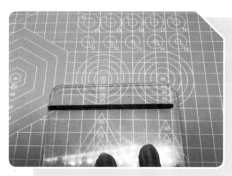

步骤 2. 搓一条长的圆锥形长条，用压泥板压扁，然后把压泥板抵住黏土的一边，向下用力压扁，得到图示的黏土片。

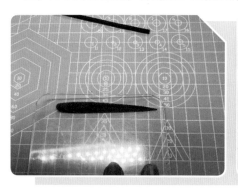

步骤 3. 用刀片裁出镰刀的形状，然后用手调整，接着剪去多余的部分，将镰刀粘在准备好的棍子上，用银色的丙烯颜料给镰刀的刀刃上色。（参考图片）

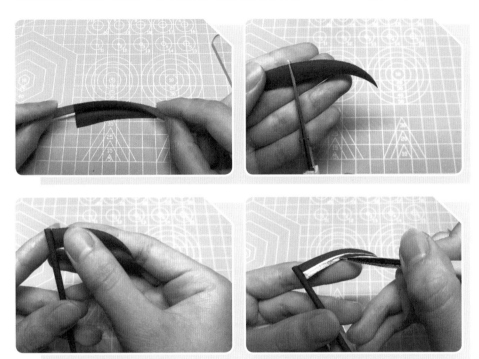

4.3.6 制作手臂

步骤 1. 搓一个肤色的黏土条，将一端压扁，然后用棒针按压，调整出手腕的形状。

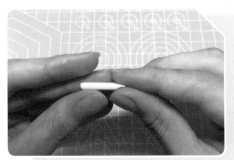
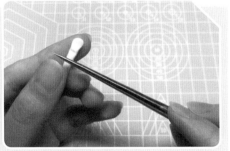

步骤 2. 调整手的弧度，按照同样的方法把另外一只手也做好，然后剪去多余的部分，用牙签插进去备用。

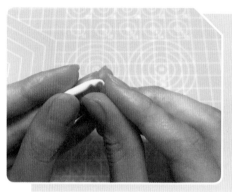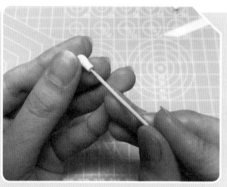

步骤 3. 准备白色的黏土片，折 Z 字形的花边，重复多折几个，做袖口的褶皱花边，最后剪去多余的部分。

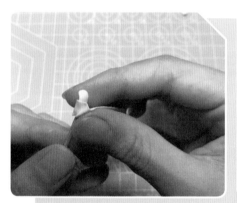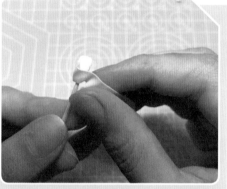

步骤 4. 重复以上步骤把另一只手也做好，然后把两只手粘在袖子上。

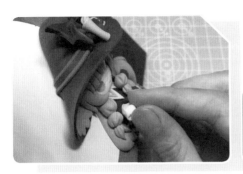 

4.3.7 帽子饰品制作与组装

步骤 1. 将镰刀按照图中的位置，粘在手上，然后将糖果也粘好。

步骤 2. 准备紫色的黏土片，用压花器压出五角星的形状，然后贴在橙色的黏土片上，按照图中的预留位置，剪出双层五角星形状，接着粘在帽檐上。

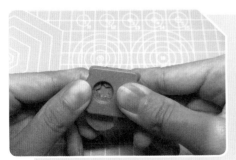 

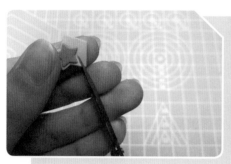

4.4
制作南瓜灯和蝙蝠

步骤 1. 用南瓜的硅胶模具压出三个大小不一的南瓜，按照图中的位置固定在背景卡纸上，等它干了之后用黑色的丙烯颜料把眼睛、鼻子和嘴巴的位置涂黑。

步骤 2. 用小蝙蝠模具压出三个大小不一的蝙蝠，粘在背景上。

步骤 3. 将绿色的黏土团，用手指搓细，固定在南瓜上，剪去多余的部分，做南瓜的把。

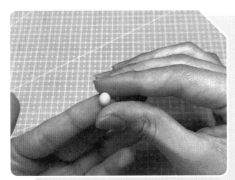
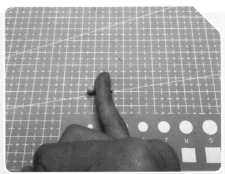

步骤4.把成品放进相框里,下图是完成的效果。

第5章
超轻黏土手办——
小水手的制作

本章讲解超轻黏土手办小水手的制作。选取蓝白相间的水手帽、包包、短袖校服套装元素再现了人物角色的形象特征。融合与人物形象相符合的甲板、沙滩、贝壳、救生圈等相关配饰营造出场景氛围，使手办的整体视觉效果更加丰富。

【本案例的主要材料及工具】

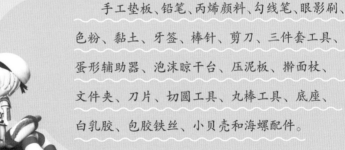

手工垫板、铅笔、丙烯颜料、勾线笔、眼影刷、色粉、黏土、牙签、棒针、剪刀、三件套工具、蛋形辅助器、泡沫晾干台、压泥板、擀面杖、文件夹、刀片、切圆工具、丸棒工具、底座、白乳胶、包胶铁丝、小贝壳和海螺配件。

扫码下载原画

5.1
小水手的制作

本节从面部、后脑、头发、帽子、腿脚、裤子、身体、上衣、手臂、包包、衣袖等多个方面拆分人物结构，按结构详细讲解各部分的制作方法。

5.1.1 绘制面部

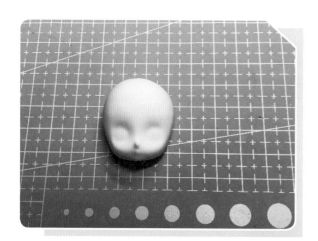

步骤 1. 准备一个带眼眶的空白脸。（脸的制作见 4.1）

步骤 2. 用铅笔按照右图的位置画出眼睛的草稿。注意眼睛的最低点在鼻尖的水平线上方一点点的位置，这样会比较可爱。

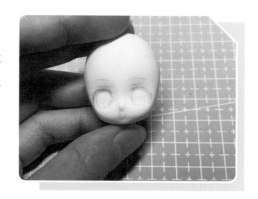

步骤 3. 用勾线笔蘸取熟褐色丙烯颜料，将除了眼珠子以外的部分再勾画一遍。

步骤 4. 用蓝色加点白色调出淡蓝色，加水兑稀，用勾线笔蘸取颜料铺满两只眼珠作为眼珠的底色。

步骤 5. 用颜色更深一点的颜料在眼珠中间点出瞳孔的位置。

步骤 6. 用比底色颜色深，比瞳孔颜色浅的颜色以左图中所示的形状勾出眼睛的暗部，并将颜色铺满。然后用偏白一点的淡蓝色画出眼珠暗部的椭圆形高光。

步骤 7. 用白色丙烯颜料兑水调稀，点出眼睛的高光，然后铺满眼白部分，接着在眼线中段画出眼线的高光。然后用少量黑色混大量白色，兑水，混出灰色，画出眼球的阴影。用眼影刷蘸取粉色色粉（注意要在纸上蹭掉多余色粉，保证上色均匀），然后以少量多次、打圈的方式给脸颊涂上腮红。

5.1.2 制作后脑和耳朵

步骤 1. 用肤色加黄色混合揉匀做成浅黄色黏土再搓成球形，贴在脸的背面做后脑勺。接着插上牙签，方便拿取。

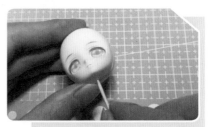

步骤 2. 取一小团肤色黏土，揉成团，然后用手指压扁。

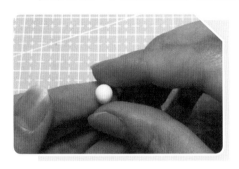 

步骤 3. 把步骤 2 做好的黏土片用棒针的背面压一个圆形的印子，用剪刀把它在中间剪开，作为耳廓。

 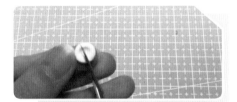

步骤 4. 用手指调整耳廓的形状，然后粘在脸的两侧。粘的时候注意位置，一般来说，耳朵与眼睛保持位置持平。

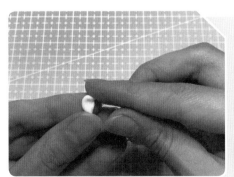 

5.1.3 制作头发

步骤 1. 取一团浅黄色的黏土，先搓成圆球状再搓成两端渐尖的形状，作发片。

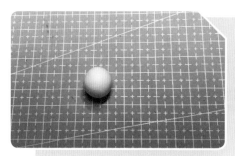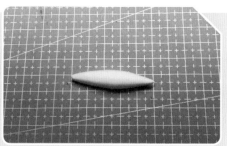

步骤 2. 将黏土放在蛋形辅助器上，用手掌将发片边缘压薄，保证两边薄，中间厚，然后用棒针压出头发的纹路。

步骤 3. 用剪刀沿着压的头发纹路剪出头发的分叉，并调整一下。

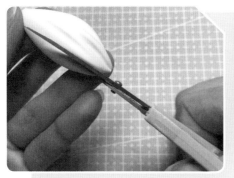 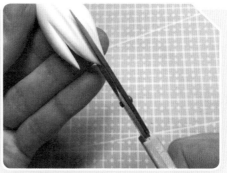

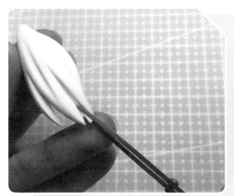 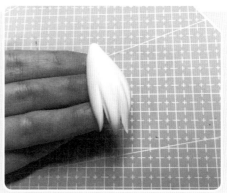

步骤 4. 将调整好的发片沿着耳朵后面贴上去，发片顶部对齐中间点。

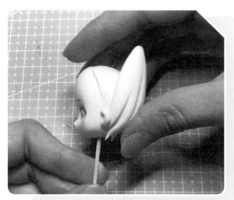 

步骤 5. 用同样的方法将另一边的发片也做好，做时注意头发分叉的位置。

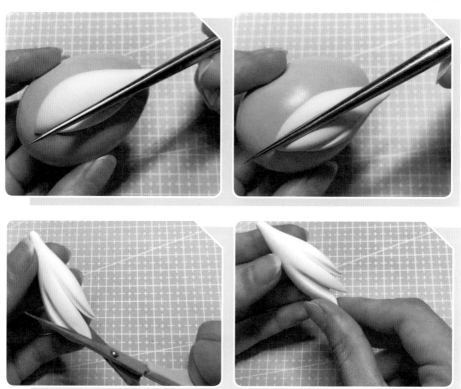

步骤 6. 做好的头发贴在另一只耳朵的后面，发片顶部对齐，然后剪去多余的部分。

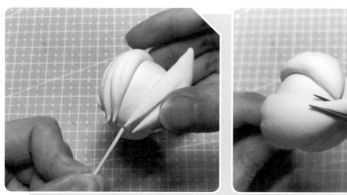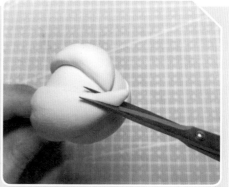

步骤 7. 参考上一步，剪好发片，然后贴在后发的空隙中，把它薄的位置压在之前的发片上，完善整个后发。

步骤 8. 然后用手掌调整一下发片，接着剪去多余的部分。注意发片与发片之间的关系是堆叠关系，中间的发片是叠在另外两片头发上的，不是并排关系。

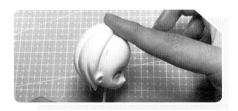

步骤 9. 参考下图，剪出侧发，用手指稍微调整出一个弧度，贴在侧面，贴的时候注意位置。

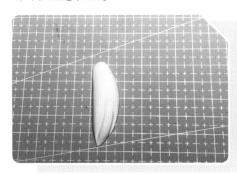 

步骤 10. 用工具沿着图中所示的位置压一下，然后用剪刀剪掉多余的部分。
用手调整一下，然后用工具压出发痕。

 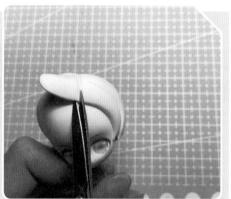

 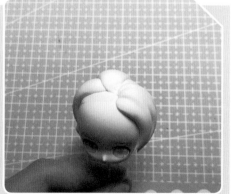

步骤 11. 用同样的方法做出另外一边的侧发。

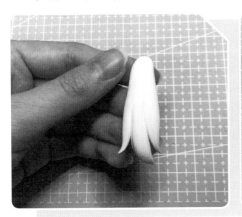 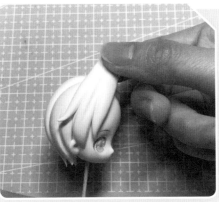

步骤 12. 接着剪去多余的部分，然后用工具调整一下发片，制造压痕。

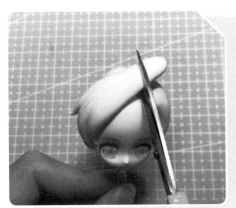 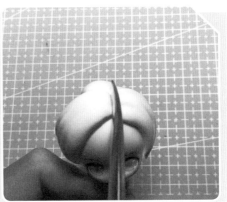

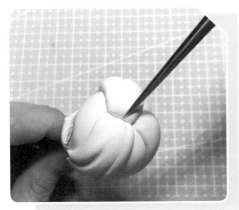 

步骤 13. 剪一片更小一点的发片，两只手指向中间用力挤压，按照下图折出
形状。

 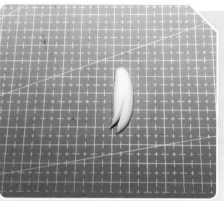

 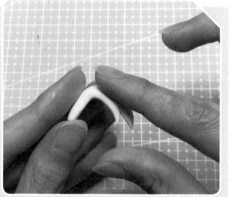

步骤 14. 用剪刀剪去多余的部分，用手指调整一下。

 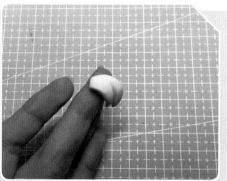

步骤 15. 将调整好的发片贴在额头上。

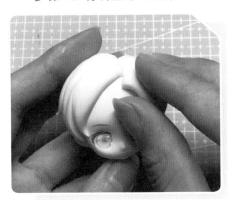

步骤 16. 用工具调整好头发的整体形态。

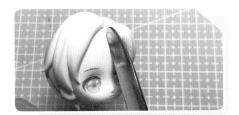

步骤 17. 参考下图，剪出另外一边的刘海。

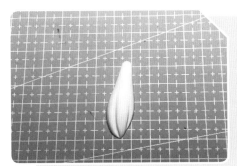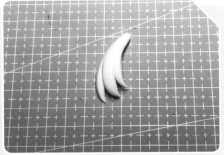

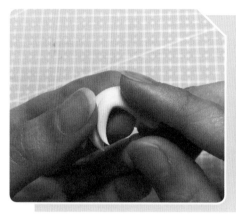

步骤 18. 以步骤 17 同样的方式，将刘海调整好。

步骤 19. 将刘海贴在额头上，调整形态，得出下图中头发完整造型的效果。

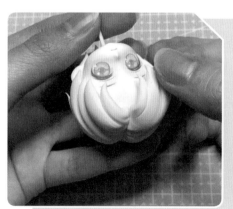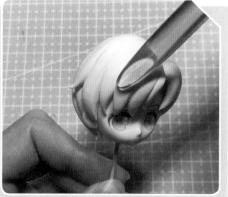

5.1.4 制作帽子

步骤 1. 准备一团大的白色黏土，把它摁在蛋形辅助器上，用手掌按压调整，确保整个形状一边稍薄一些，一边厚一些。调整出帽子大概的形状。

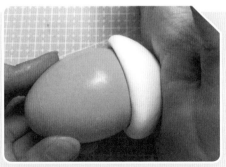

步骤2.确定好帽子的位置后,将帽子固定在头上,然后用工具将帽子边缘按照图中的位置压平。

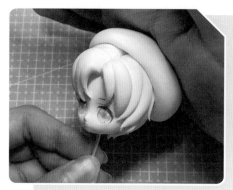
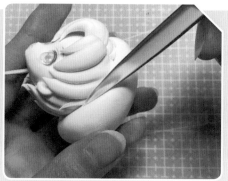

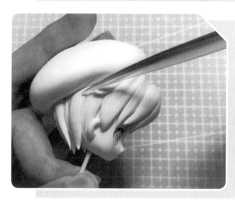
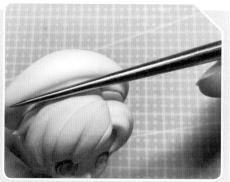

步骤3.用工具压出帽子的压痕,然后用手指调整完善帽子。

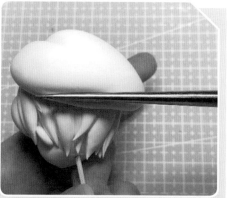

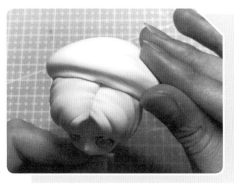 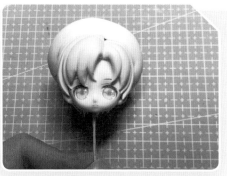

步骤 4. 擀一条深蓝色的宽约 0.6cm 的黏土长条，将长条的一边剪尖。

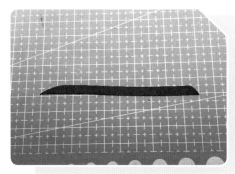 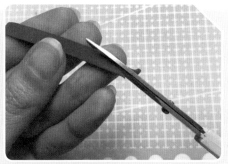

步骤 5. 对齐帽子边沿的地方，沿着边沿贴一圈，然后剪去多余的部分。

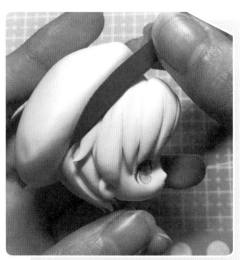

步骤 6. 用深蓝色的黏土片剪出如图的形状，将剪好的两片头部贴在一起，然后塞在帽子后方的中间位置，完善整个帽子。

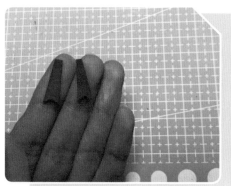

步骤 7. 捏一条浅黄色的小黏土条，用手指把它曲成如图的形状，然后把它粘在头顶做呆毛。

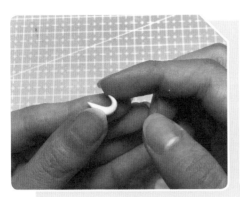 

5.1.5 制作腿脚

步骤 1. 取一团肤色的黏土，搓成长约 3.5cm 的萝卜状，用手指在中间的位置轻轻按压一下，找到膝盖窝的位置。

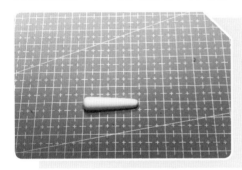 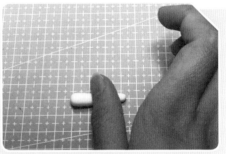

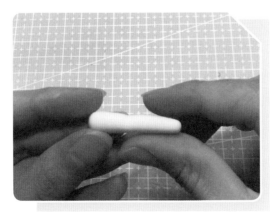

步骤2.把黏土转过来，膝盖窝朝后，用两个手指在膝盖窝的侧面中间轻轻掐一下。在腿的正面用手指往上轻轻压着往前推一下，做出膝盖。最后把腿多余的部分用剪刀剪掉。

 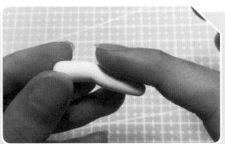

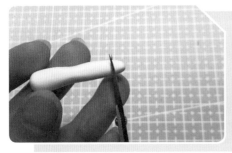 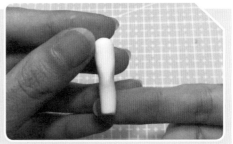

步骤3.取一团白色的黏土，搓成柱体，用手指抵住细的一段，做出脚的形状。做时，如果有不合适的地方，就用手指做适当的调整。

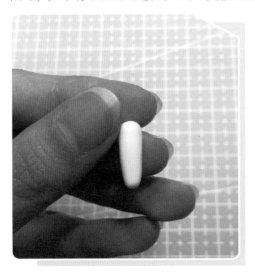 

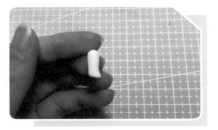

步骤 4. 将步骤 3 做好的形状剪去多余的部分作为脚部，将调整好的袜子粘在腿上，用同样的方法把另一条腿也做好（脚部和腿连接的地方尽量平滑，做脚部的时候粗细也对比着小腿来做）。

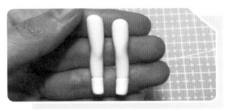

步骤 5. 擀一片厚度约为 1 毫米的黑色黏土片，用刀片裁开，把黏土块按照图中的位置贴在脚上。用剪刀剪去多余的部分，做出鞋子。

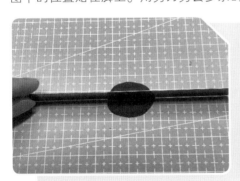
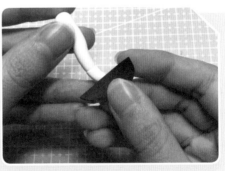
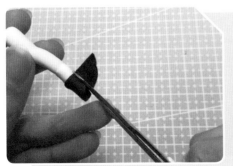
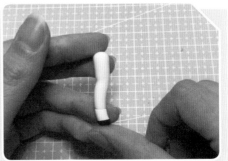

步骤 6. 将做好的手办的腿平放在垫板上，用刀片轻轻划一道印，用剪刀剪去上半部分 (剪的时候注意不能一刀切, 容易剪变形, 需要将剪刀插进去, 慢慢剪)。

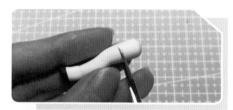
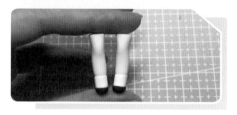

步骤 7. 裁一条白色的细黏土条，贴在脚部和腿连接的地方，接着裁两条深蓝色的黏土条，贴出袜子的花纹，完善腿的制作。

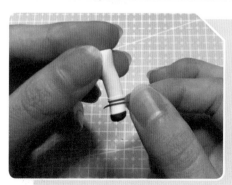

5.1.6 制作裤子

步骤 1. 取一团深蓝色的黏土团，搓成一端稍细一点的柱体，将细的那一端用剪刀剪平。然后用手指将切口掐尖，接着将柱体捏成稍微方一点的形状，做裤子内坯。

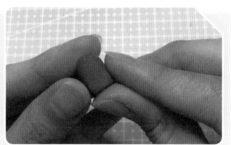

步骤 2. 将之前做好的腿部黏土块连接在裤子内坯上，然后插上牙签，方便拿取。

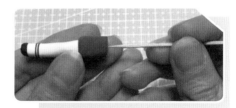

步骤 3. 擀一块深蓝色的黏土片，轻轻地贴在裤子内坯上，要防止变形，还要注意多预留些长度。

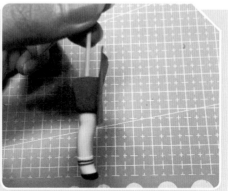

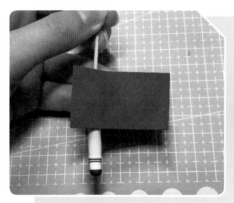

步骤 4. 将黏土片的接口预留在裤子内侧，用剪刀剪去多余的部分。

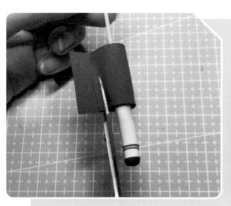
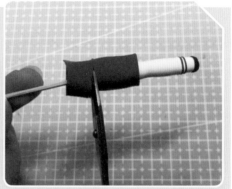

步骤 5. 用棒针按照下图的位置压出裤子的褶皱，同样的方法做出另外一边的裤子。

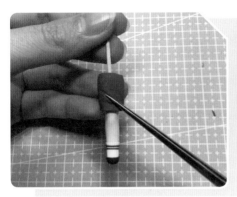

步骤 6. 然后两条腿贴合，用手调整，划出腰的位置，剪去多余的部分。

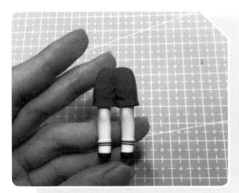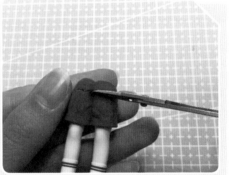

步骤 7. 裁一条白色的长条，按照下图的位置贴在裤子的边缘，做裤子的花纹。

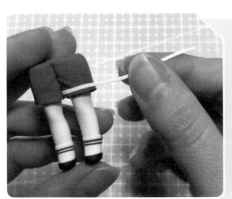

5.1.7 制作身体

步骤 1. 准备一团肤色黏土，在手心搓成一端细一些的柱体，然后将细的那一端压平预留做肩膀和脖子部分。

步骤 2. 用手指将黏土往中间捏，捏的时候不要太用力，要适当发力，慢慢调整，捏出脖子。

步骤 3. 调整整体形状，捏出身体弧度，预判上半身长度，剪去多余部分，调整切口。将身体连接到下半身上，把接口用手指调整平滑。

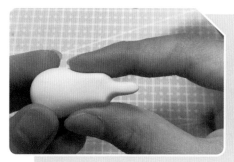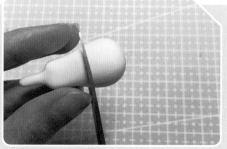

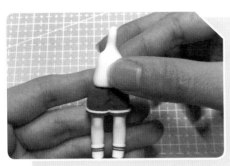
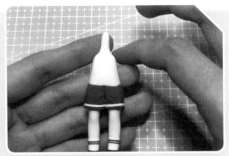

5.1.8 制作上衣

步骤 1. 擀一片白色的黏土片，裁成下图的形状，用切圆工具切出领口，贴在身体的正面。

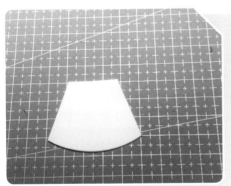

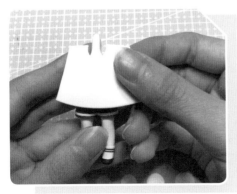

步骤2. 用同样的方法再准备一片黏土，贴在身体的背面，将连接的地方预留在身体侧面。

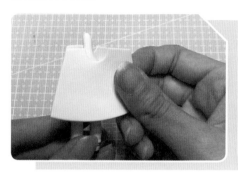

步骤3. 用剪刀剪去多余的部分，做出衣服的样子。不要将衣服紧紧地贴在身体上，剪的时候注意预留出一些空间。

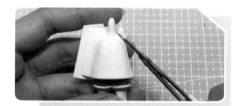

步骤4. 取一小团白色黏土，捏成一端扁一点的形状，将大的那端末端剪平，调整形状，做成袖子，粘在身体上。

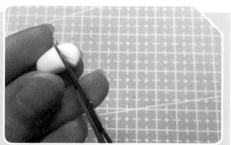

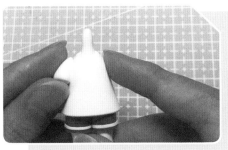
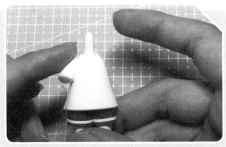

5.1.9 制作手臂

　　步骤 1. 将肤色黏土搓成一端稍细的柱体，将细的那一端用手指压扁，用棒针辅助压出手腕，接着用手指稍微调整，使整体协调。

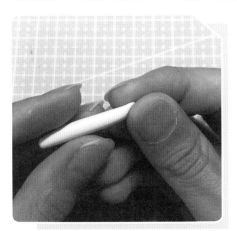

　　步骤 2. 用剪刀剪出拇指，把多余的部分剪掉，然后用棒针压出拇指的轮廓，将手掌的轮廓也修出来。

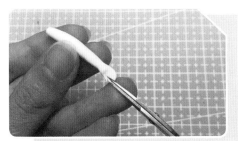
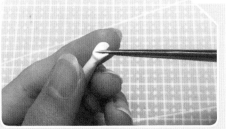

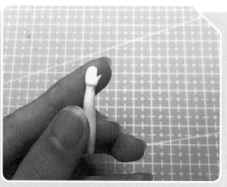

步骤 3. 用尖一点的工具将预留的手指部分压成四份，稍做修整，完善手掌，接着在手办手腕往上 1cm 的地方用两只手指向中间用力，捏出手办的手肘，做出手办的右手。

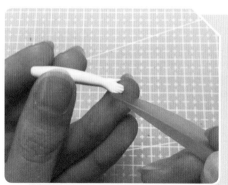
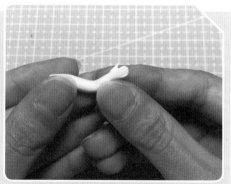

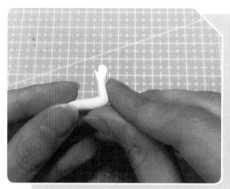
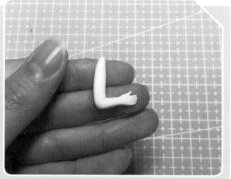

步骤 4. 用与右手相似的方法做出左手。

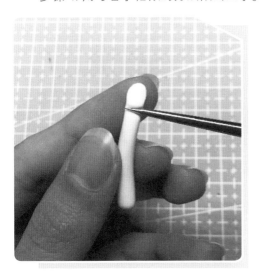
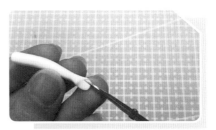
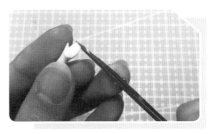

步骤 5. 制作左手时注意拇指位置和压痕位置与右手相反，在手肘的位置用工具稍稍压扁一点即可。

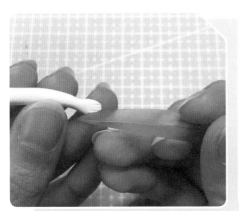

步骤 6. 手办的两只手都做好后，手肘对齐在同一水平线，在胳膊的顶端压出痕迹，剪去上面多余的部分，将右手连接在做好的右边袖子上。粘手的时候要注意角度，如果掌握不好的话，可以先比量一下，确定好角度，再涂白乳胶粘接。左手暂时不用粘。

5.1.10 制作包包

步骤 1. 将一团白色的黏土稍稍压扁，厚度约为 2.5mm，不要太薄，然后裁成长约 1.5cm，宽约 1cm 的长方形，做包包的大形。

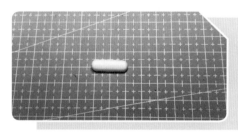

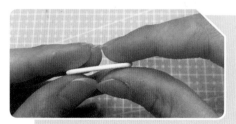

步骤 2. 擀一块厚度约为 1mm 的深蓝色黏土片，用裁好的包包大形对比裁出合适的宽度。

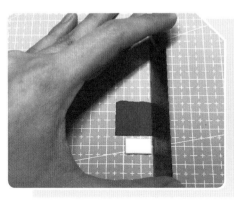 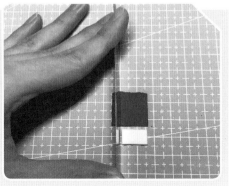

步骤 3. 然后将蓝色黏土片按照图中的位置放在包上，把多余的部分别到背面，裁去多余的部分。

 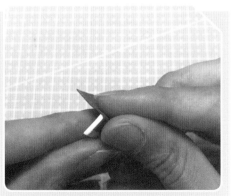

 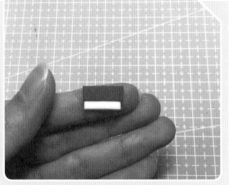

步骤 4. 裁一条白色的黏土长条，按图中所示的位置，贴在包包上，剪去多余部分。

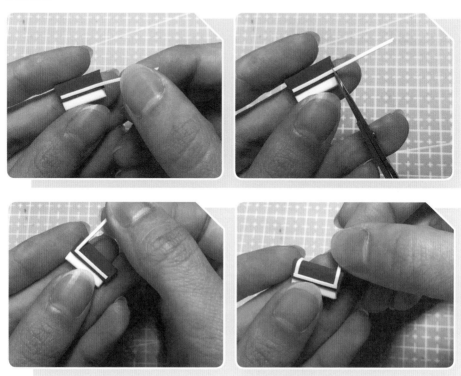

步骤 5. 用小切圆工具，切一个圆形的橙黄色黏土片备用。再准备一片白色黏土片，剪成图中的形状。

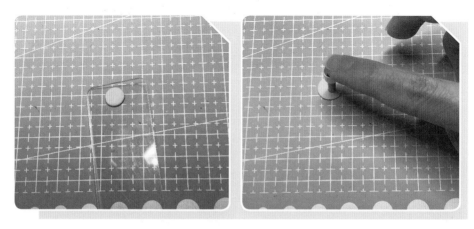

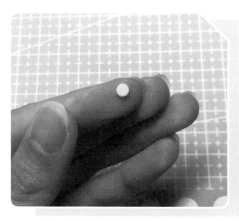

步骤 6. 做一个深蓝色的宽条贴在步骤 5 做好的白色黏土片中间，修剪形状，然后把准备好的橙黄色圆形贴在上面，得到一个小勋章。再将勋章粘在包包上。

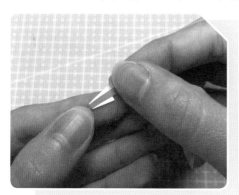

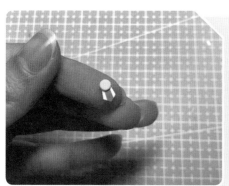
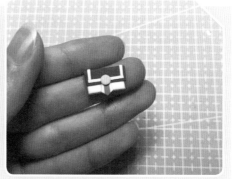

步骤 7. 将做好的包包按照图中的位置稍稍固定在身体上，准备一条白色的黏土长条，一端粘在包包的背面，然后把白色长条沿人物肩膀绕一圈，另一端固定在包包的另一边的背面，做出包包的背带。

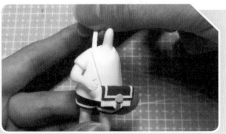

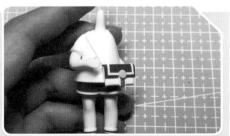

5.1.11 制作衣袖衣领

步骤 1. 按照之前做袖子的方法把左手的袖子做好，并把手粘上去。

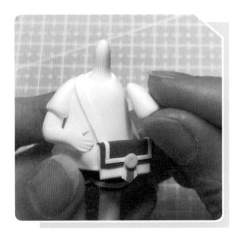

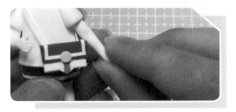

步骤 2. 裁一条深蓝色的长条，把袖口上的花纹贴好。

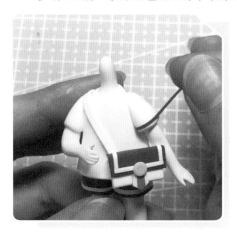

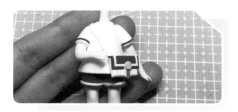

步骤 3. 用白色加深蓝色黏土调和制作一个浅蓝色黏土擀片，剪出图中所示的形状备用。

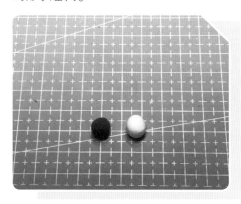
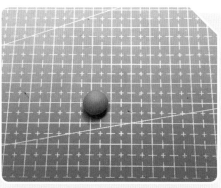
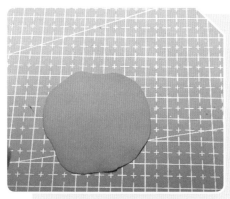
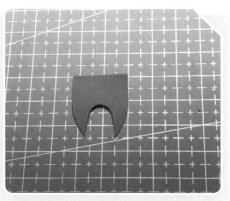

步骤 4. 将修剪好的黏土片放在肩膀上，做出衣领的样式。

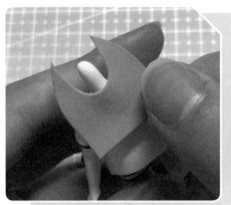

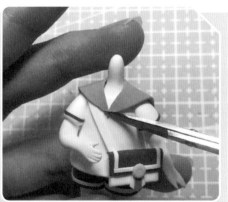

步骤 5. 用手指搓出梭形，然后用压泥板压扁，接着用棒针在一端压一下，用手指捏起来。

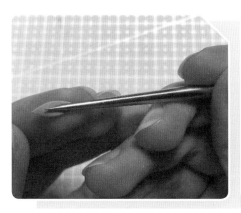
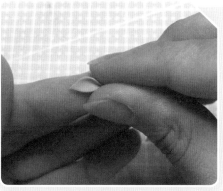

　　步骤 6. 再做一片小一点的黏土片，将两个黏土片合在一起。再剪一个梯形黏土片，将它们组合起来，完成领带的制作。

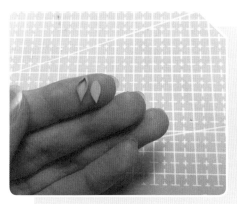

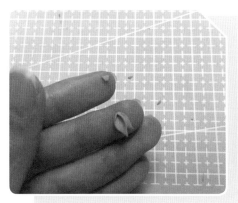
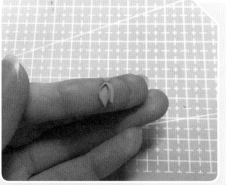

步骤 7. 将做好的领带粘在领口上。

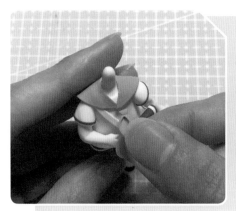 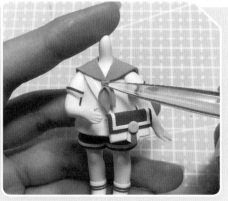

步骤 8. 裁一条白色的黏土条，将衣领的花纹贴好。

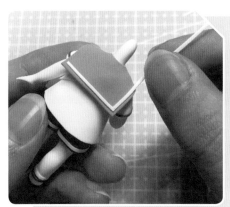 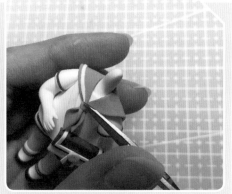

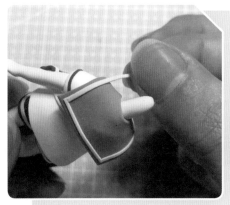 

5.1.12 制作海星

步骤 1. 准备一团橙黄色的黏土，稍稍压扁，厚度约 2.5cm，然后用工具在背面划出五角形状，接着用剪刀修剪出五角。

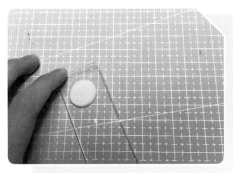
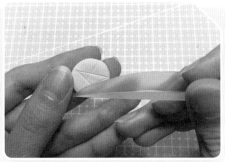
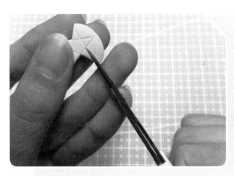

步骤 2. 用工具配合手，将五角的边缘稍微压薄，保证每一个角都是边缘薄中间厚，并调整形态，接着用丸棒工具压出不规则的纹路，做出海星的样子。

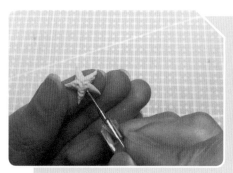

步骤 3. 将做好的海星，粘在右手上。接着把脖子多余的部分剪掉。

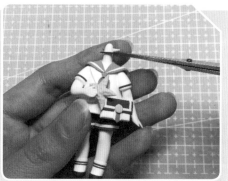

5.1.13 人物造型的组装

组装主要用到的是牙签工具，在脖子上插上牙签，然后把头固定在身体上。

5.2
甲板底座的制作与组装效果

本节介绍甲板和轮胎救生圈的制作方法，以及该元素与人物搭配组合出的手办效果。

5.2.1 制作甲板

步骤 1. 擀一块深棕色的黏土片，等干了之后裁成长 3 厘米，宽 1 厘米的条备用。拿出正方形的底座，在底座的背面涂上白乳胶。

步骤 2. 将裁好的条交错着贴在底座上，贴完后剪去多余的部分，做出甲板的感觉。

5.2.2 制作轮胎救生圈

步骤 1. 用白色的黏土搓成粗一点的长条，将两端剪平，然后合在一起，再用手指调整形状，做出轮胎的大形。

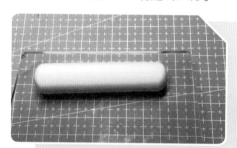
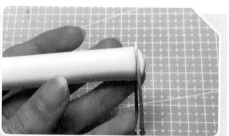

步骤 2. 用浅棕色的黏土搓成长条，然后顺着一个方便拧成麻绳。以同样的方式，准备四根麻绳。

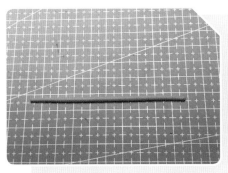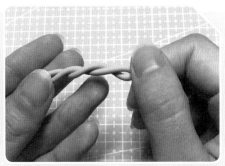
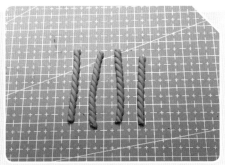

步骤 3. 将拧好的麻绳以四等分的位置粘在轮胎的外侧，注意预留空隙。

步骤 4. 将蓝色的黏土片裁成两端窄，中间宽的条，粘在麻绳接口的地方，完善整个轮胎的制作。将蓝色黏土片的接口预留在轮胎的背面，然后剪去多余的部分。

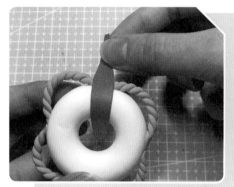
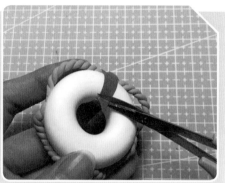

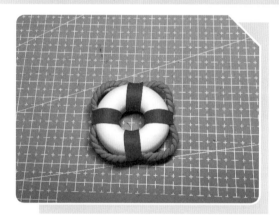

步骤 5. 以同样类似的方法再做一个红色花纹的轮胎，这个不需要麻绳。

5.2.3 人物与甲板底座的组装

步骤 1. 将做好的部件按照图中位置组合成完整的底座。

步骤 2. 用包胶铁丝插到人物的腿里，在底座上打个孔，将人物固定在底座上，完成小水手和甲板底座组合手办最后的组装，下图是完成后的效果（这里放了一个真的小海螺作装饰）。

5.3
沙滩底座的制作与组装效果

本节结合贝壳、彩虹元素制作一种休闲沙滩效果的底座，与人物搭配组合出另外一种效果供大家参考。

5.3.1 制作沙滩贝壳

步骤 1. 用白色、棕色、黄色三种黏土混合成沙土的颜色，拿出一个合适的底座，将混好颜色的黏土稍稍压扁，然后粘在底座上，其间用手调整成为不规则的沙滩。

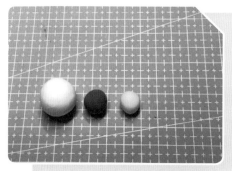

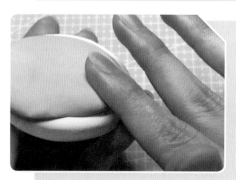
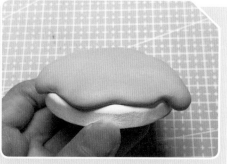

步骤 2. 把几根牙签合在一起，用其把刚刚做的底座戳上沙砾的形态。然后黏上小贝壳和海螺（贝壳和海螺是真实的，非黏土制作）。

5.3.2 制作彩虹装饰

步骤 1. 把西瓜红、淡黄色、淡蓝色三种黏土依次用压泥板搓成条。然后用手弯曲成如图的弧度，把它们按照图中的顺序排在一起，做成一道小彩虹。

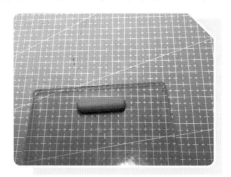

步骤 2. 按照之前做海星的方法用淡紫色的黏土再做一个，然后粘在彩虹上，将做好的彩虹固定在之前准备的沙滩上。

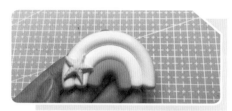
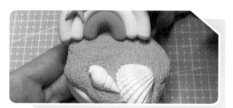

5.3.3 人物与沙滩底座的组装

用包胶铁丝插到人物的腿里，在底座上打个孔，然后把人物固定在沙滩底座上，下方右图是完成后的效果。

第6章
超轻黏土手办
——小狐仙的制作

下面分步讲解超轻黏土手办——小狐仙的制作。本案例应用古风元素的服饰造型，制作要点是整个手办的身体重心都由人物的左腿支撑，捏制过程中要注意把握好整体平衡度，腿部的造型要自然，躯干和脖子要保持扭动的曲线美感。

【本案例的主要材料及工具】

　　超轻黏土手工垫板、彩色铅笔、勾线笔、眼影刷、色粉（腮红、眼影）、剪刀、牙签、压泥板、棒针、三件套工具、铝丝支撑骨架、丙烯颜料、丙烯刷、丙烯调和液、泡沫晾干台、钳子、擀面杖、刀片、蛋形辅助器、花边剪刀、丸棒工具、抹刀、文件夹、UV胶、色精、紫外线灯、笔刷、白乳胶、树粉、花艺铁丝、瓷玉土、401胶水。

扫码下载原画

扫二维码看视频

6.1 制作小狐仙

本节为大家介绍小狐仙造型各部分结构的制作方法（扫码看视频，观看难点教学视频）。

6.1.1 制作身体

步骤 1. 用身体和脸模做对比来确定人物比例。先来制作身体内坯，使用压泥板斜着将一个肤色黏土圆球搓长。然后压扁，留出身体的厚度。

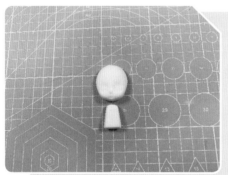
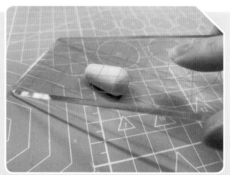
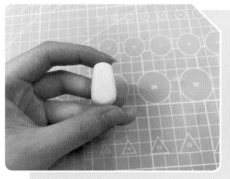
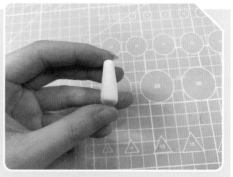

步骤 2. 用剪刀剪掉多余的部分。用牙签把身体部分插到晾干台上方便晾干。

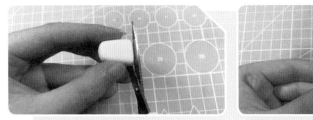 

6.1.2 制作灯笼裤

步骤 1. 取白色黏土搓成两个一样大小的胖柱体。把搓好的柱体连接在身体上做灯笼裤，这里注意需要做出抬腿的动态。

步骤 2. 用手指搓平身体和灯笼裤之间的接缝。使用棒针顺着灯笼裤弧度压出裤子褶皱。

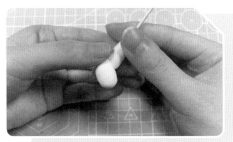 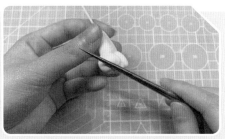

6.1.3 制作腿部

步骤 1. 取一块肤色黏土用压泥板斜着搓成类似胡萝卜上粗下窄的形状。用手指指腹将中间部分搓细一些，区分出手办大腿和小腿的部分。

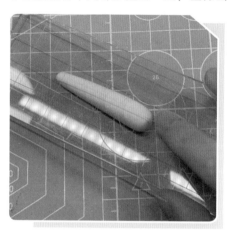
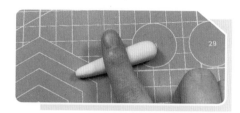
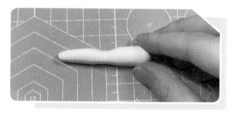

步骤 2. 左手和右手分别轻轻捏住手办大腿部分和小腿部分，上下交错一下。修整手办小腿的形状。

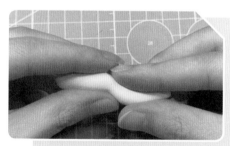
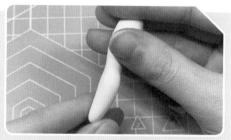

步骤 3. 用手指捏出手办的膝盖，注意膝盖是类似三角形的不是方的。用手指把手办的小腿骨捏得明显一点。

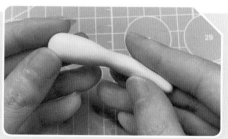

步骤4. 调整腿部的形状。用剪刀剪去多余长度。

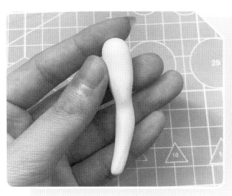 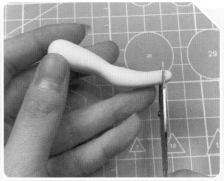

步骤5. 利用棒针滚压出手办的脚踝。用手指捏出手办的脚背。

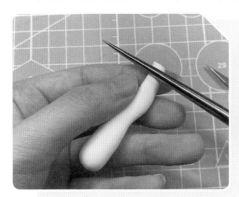 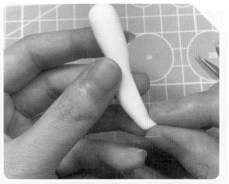

步骤6. 用剪刀剪去手办大腿部分多余的长度。把做好的手办左腿部分接上灯笼裤。

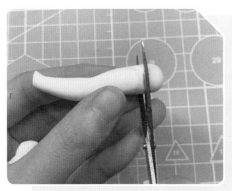 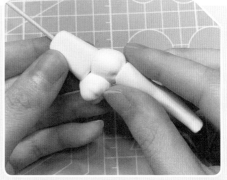

步骤 7. 用同样方法制作出右腿大形。用三件套工具的刀形工具在手办腿窝处轻轻压一下。

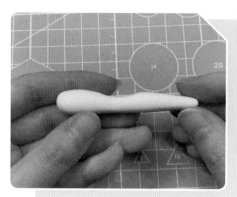 

步骤 8. 将手办的腿折成弯曲的动作。调整手办小腿形状。

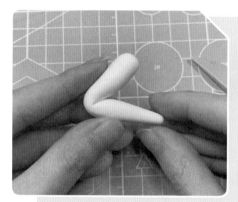 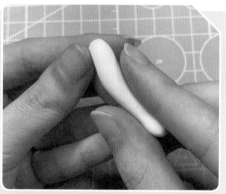

步骤 9. 将做好的手办右腿和左腿对比长度。用剪刀剪去多余部分。

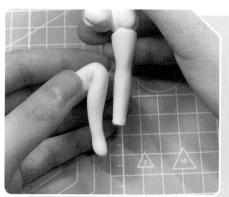 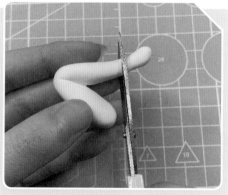

步骤 10. 捏出手办的脚。剪去多余部分。

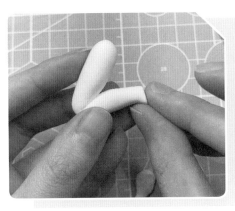 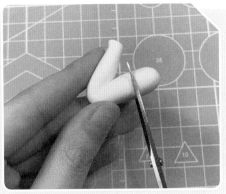

步骤 11. 将手办右腿部分接上灯笼裤，素体完成。等到腿部半干时将铝丝作为支撑骨架贯穿左腿。

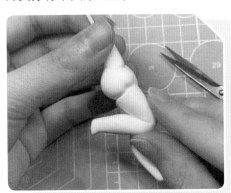 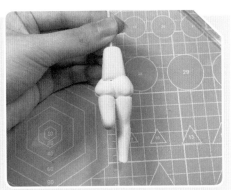

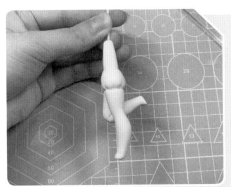 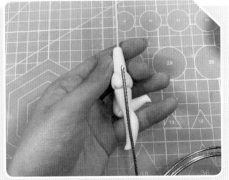

6.1.4 绘制面部

步骤 1. 使用红色彩铅笔画面部草稿，这一步画错了可以用橡皮轻轻擦掉（注意尽量避免多次修改，否则会让面部变脏）。

步骤 2. 下图是面部绘制需要用到的颜色（如果没有，可以用近似色代替）。

步骤 3. 用丙烯调和液调和肤色，先勾画出眼睛线稿。

步骤 4. 使用黑色和白色混合调出灰色，绘制眼球阴影。

步骤 5. 使用白色混合一点大红色调出浅粉色，浅色调色一定要少量多次地慢慢加深调色。

步骤 6. 白色混合大红调出更深一点的深粉来绘制眼球的深色层次。

步骤 7. 在深粉的颜色中加入少量深红色绘制出瞳仁和眼球最深的层次色。

步骤 8. 使用熟赭色（棕色）混入一些肤色加深勾画面部线条，给瞳仁勾边并给豆豆眉涂色。此处眼球勾边只勾画了眼球上半部分。

步骤 9. 使用熟赭色给豆豆眉勾边并加深上眼线中间位置绘制出眼线层次。

步骤 10. 用白色颜料绘制高光。

步骤 11. 用深红色给心形高光勾边，面部绘制完成。

步骤12.使用粉色色粉(或者腮红、眼影)给绘制好的面部上色,脸颊和眼窝着色比较重,鼻尖还有下巴可以使用余粉上色,切记少量多次,慢慢晕染,否则会效果非常夸张。

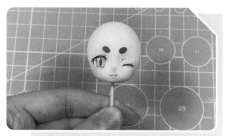

步骤13. 妆面上色完成。

步骤14. 取棕色黏土和黑色黏土混合调色出棕黑色黏土,多调一些,后面会用到很多。

步骤15. 如果有预先在手办后脑位置填充废土,需要把调色好的深棕色土搓圆压扁到大概图中的厚度,填充干燥废土可以使后脑风干得更快。

步骤16. 用掌心把黏土整体覆盖上后脑。

步骤17. 用手指调整接缝和形状,然后插起来晾干。

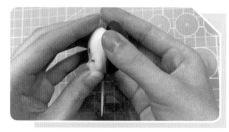

步骤 18. 使用压泥板把白色黏土搓成条，斜着使用压泥板把黏土压成一边厚一边薄的黏土条。

步骤 19. 把步骤 18 做好的黏土条厚的一边作为灯笼裤花边的接触面把黏土条围上灯笼裤下端，剪刀剪去多余部分。

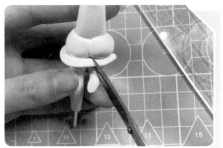

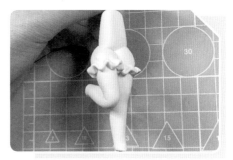

步骤 20. 用棒针圆润的一头或者使用合适大小的丸棒上下交错调整出花边形状。

6.1.5 制作鞋子

步骤 1. 用湖蓝色黏土加白色黏土调色。

步骤 2. 使用调好的黏土制作一条长的黏土片来包裹脚部（注意包裹黏土的位置）。

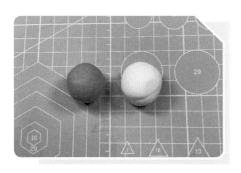

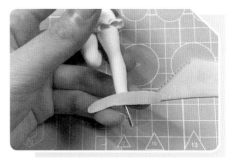

步骤 3. 用手指捏紧多余部分的黏土，然后用剪刀剪去多余部分。

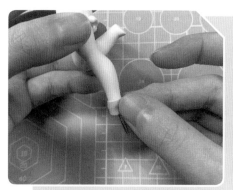
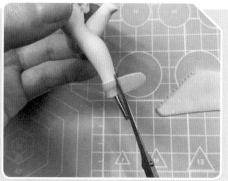

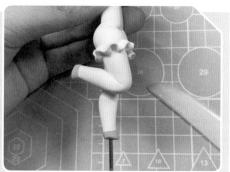

步骤 4. 用白色黏土搓成小椭圆，然后用压泥板在手办鞋底压平（注意留出一定厚度）。

步骤 5. 手办左脚制作时先用钳子把铝丝拔出来再制作鞋底，制作完成后等鞋底半干再把支撑铝丝插回去。

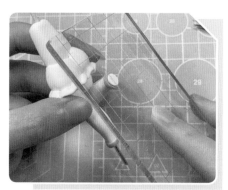
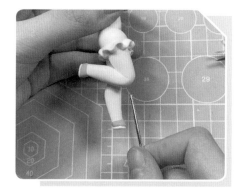

步骤 6. 使用白色黏土混入极少量红色黏土调出浅粉色黏土，搓成细条。

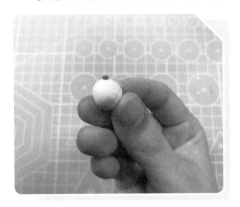 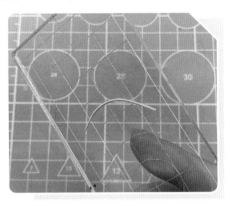

步骤 7. 把制作好的细条缠绕在鞋上做边。

步骤 8. 取一块比较湿的黏土搓成小球粘在鞋子中间，用牙签把表面戳成毛绒状，既要戳也要上挑。

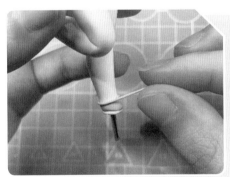 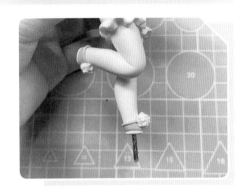

步骤 9. 鞋子的制作完成。

6.1.6 制作头部

步骤 1. 使用压泥板上的刻度或者使用尺子来量出后脑头围，记下尺寸。

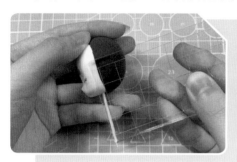
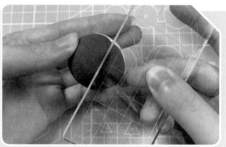

步骤 2. 取一块调色好的深棕色发色黏土调整成自己想要的长度压成一片厚泥片。把泥片贴在蛋形辅助器上，用三件套工具或者刀片按照之前量好的尺寸裁去多余的部分。

步骤 3. 用三件套工具的刀形工具和棒针来压出发痕，注意压出的线条要有长短和间距变化才会有好看的层次感。

步骤 4. 用剪刀剪出头发分组。

步骤 5. 把制作好的发片贴上手办后脑。调整头发形状和飘动走向。如果手速不够快可以在表面涂抹凡士林来延缓干燥速度。晾到半干进行下一步。

步骤 6. 切一片半圆的泥片贴在手办后脑空着的上半部分（注意要稍微往前包一点，否则会使人物的发际线显得很高）。把多余部分捏在一起用剪刀剪掉。

 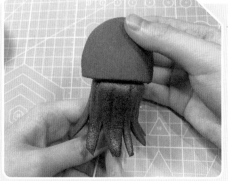

 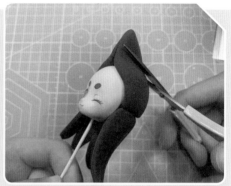

步骤 7. 用手抹平剪痕后用三件套工具的刀形工具划出中分。在分好的两边中间定点。

 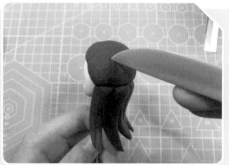

步骤 8. 以定好的点为中心放射状压发痕。

步骤 9. 搓出一个长梭子形的泥条。压扁后用手指按压边缘使发片呈中间厚两边薄的形状,这样做出来的发片才会有体积感。用棒针随机压出发痕。

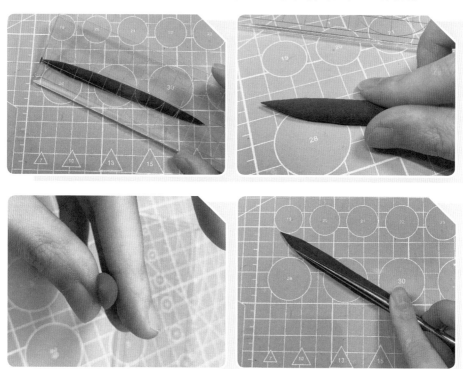

步骤 10. 把发片从前面固定,发片尾部在之前定点好的中心位置粘贴,两边都是一样的操作。

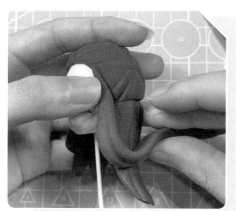

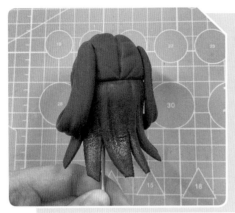
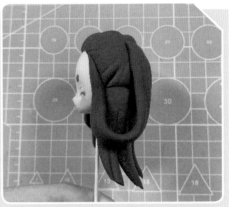

步骤 11. 做一片小发片用手指将它弯曲贴在脸颊边，这里的发片也需要做出中间厚两边薄的体积感，尾部要整体压得更薄一点。

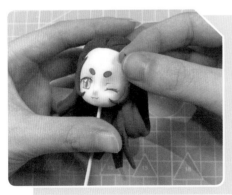
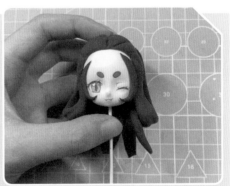

步骤 12. 做一片更长一点的发片，这里需要注意控制厚度，依然是做成内扣的款式粘在脸颊旁边。

步骤 13. 用棒针压出发痕。做一片发片把它弯曲成 S 形。

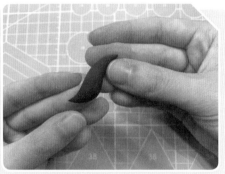

步骤 14. 贴在刘海位置，剪去多余部分。压一下发痕。

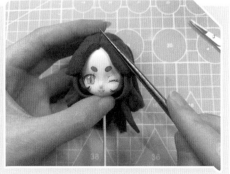

步骤 15. 做一片水滴形的发片。用棒针在旁边压一下。

步骤 16. 顺着压痕把发片弯折，调整形状。放在头上比量一下大小。

 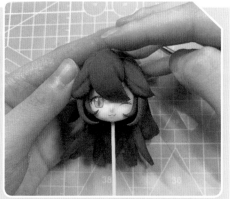

步骤 17. 剪刀修剪掉多余部分。剪出一道发组。

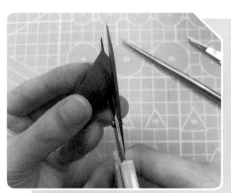 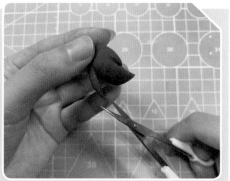

步骤 18. 把剪出来的发组弯折，然后把刘海固定在头上，并用棒针压出发痕。

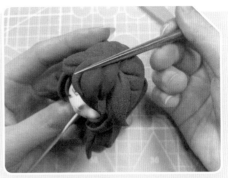

步骤 19. 取白色黏土搓条，在头上比好大小，剪去多余部分。把裁好的条戳成毛绒形状。把戳好的毛绒装饰贴在头上。

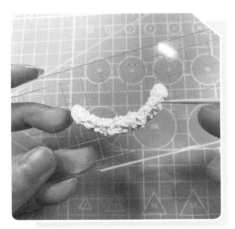

扫二维码看视频

步骤 20. 取浅粉色和浅蓝色的黏土擀片，裁成细条。贴在发包的位置下面。

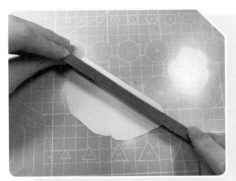

步骤21. 做一片梭形的发片，用棒针压出比较密集的发痕。把发片做成发包。

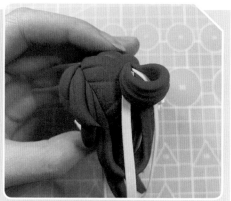

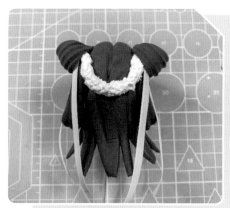

步骤22. 取一小块浅粉色的黏土搓成梭子形，用压泥板压扁。两头对折。

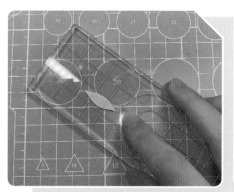

步骤23. 贴在发包上方做蝴蝶结，记得留出毛球位置。在蝴蝶结中间加上两个小毛球。头发部分完成。

步骤24. 将一块白色黏土捏制成图中形状的泥片，边缘需要捏得稍微薄一点。在中间用棒针压一下。

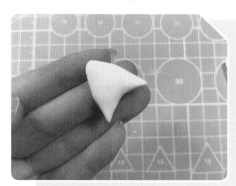
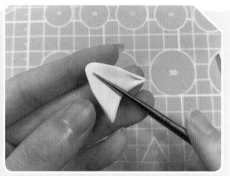

步骤25. 沿着压痕对折。固定在头顶刘海后方位置。

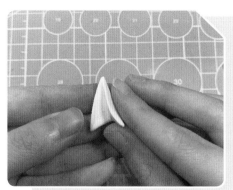

步骤 26. 用抹刀和手指修整形状。

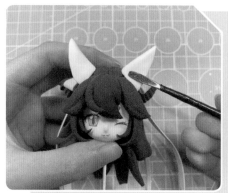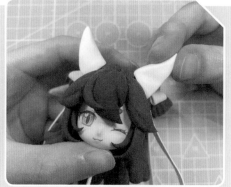

步骤 27. 搓一个白色水滴，然后用剪刀从中间剪开。一根一根地叠加耳毛。

步骤 28. 头部制作完成。

6.1.7 制作尾巴

步骤 1. 用白色搓一个的梭形，用包胶铁丝或者铝丝插入其中作为骨架支撑，调整形状并晾干。尾巴内坯制作完成。

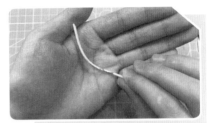

步骤 2. 这里需要用到西瓜红和白色两种颜色的黏土。渐变的尾巴需要从颜色深的毛发制作到颜色浅的毛发，所以这里先调色出一个比较深的深粉色，利用蛋形辅助器来调整每一组毛发的造型，再贴在尾巴内坯上。这里注意，一定要把和之后毛发叠加的部分尽量抹平，否则贴下一层毛发会有奇怪的鼓包。

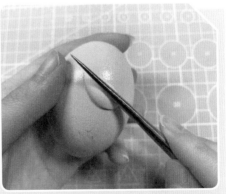

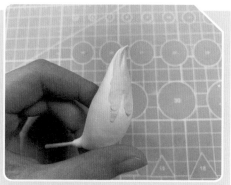

步骤 3. 通过剪刀把毛发修剪出更细致的毛毛分组，整根的毛和分叉的毛发分组必须穿插排序（注意：毛毛不能过于整齐，否则会显得不够自然），如此用深粉色贴满第一圈毛发，注意不要露出内坯。

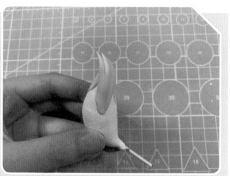

步骤 4. 做第二层毛发时要在第一层毛发颜色的基础上加入更多的白色黏土进行调色，使颜色变浅。用步骤 3 同样的方式贴满一圈，毛发的长短不一定一样，也可以存在叠加关系，并且第二层单片的毛发分组也比第一层更大一点。

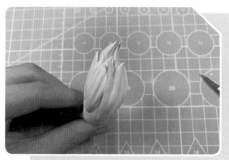

步骤5.做第三层毛发时要加入更多的白色黏土去调色，制作中也要注意不要露出瑕疵。如果做的时候觉得没有手拿的地方了，担心手把毛发捏变形，可以等前面的毛发晾干后再制作最后一层。

步骤6.第四层毛发直接使用白色黏土制作，用步骤3同样的方法制作一圈。等晾干后用钳子调整露出铁丝的位置。

步骤7.把尾巴连接上手办身体，这里需要注意尾巴部分的铁丝不能过长，否则会插破素体。

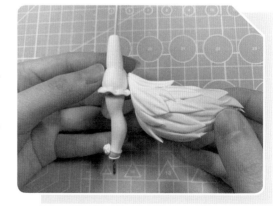

6.1.8 制作服装

步骤 1. 接下来开始制作服装部分，这里需要切掉手办一部分上半身。

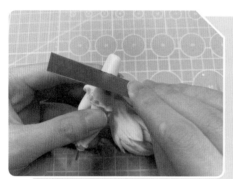
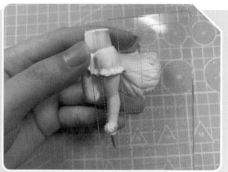

步骤 2. 用尺子量出想要的裙子长度。并以此为半径取浅蓝色土（白色加湖蓝色调色而成）擀片并裁成圆片。

步骤 3. 以身体为中心把圆片晾到半干放上去，并调整底裙褶皱。

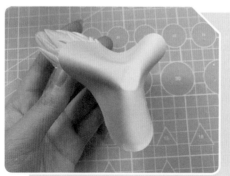
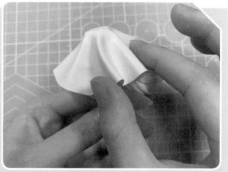

步骤 4. 用剪刀修建底裙的多余部分，担心变形可以等晾干定型后再剪。

步骤 5. 取白色黏土擀片，并用花边剪修剪出半圆花边。围绕贴出裙子褶皱，但是不要贴满。

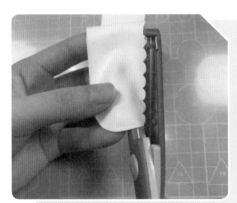 

 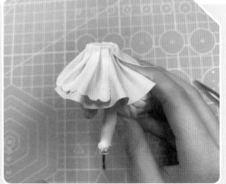

步骤6.取肤色黏土接出上半身，这里注意身体有一定的扭动弧度，剪掉多余部分。

步骤7.搓一个柱体接上去当作脖子，晾干。制作浅粉色的带子遮住脖子接痕。

步骤8.擀制浅蓝色的黏土片，贴到身体上并剪去多余部分（这里注意泥片宽度一定要把背部遮住）。

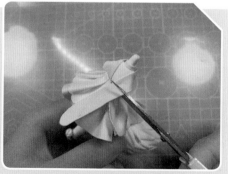

步骤9. 把步骤8中浅蓝色黏土片两边多余的部分捏起来剪掉。擀制白色长条制作领边。

步骤10. 制作腰部的花边需要把泥片裁出一个弧度。把黏土片叠出花边，并修剪多余部分。

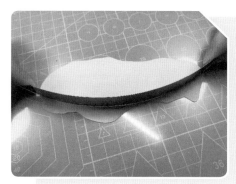

步骤11. 用棒针把花边上方滚压平整。

步骤 12. 用稍微深一些的粉色泥片制作抹胸。用棒针把中间压出一道凹痕，这是为了之后贴泥片不会过度膨起。

步骤 13. 用天蓝色（湖蓝色加白色调色而成）加一点点红色调出钴蓝色。做钴蓝色抹胸。

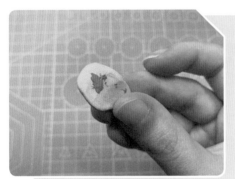 

步骤 14. 继续叠加，做胸前白色系带，再裁细长条制作胸前飘带和蝴蝶结。

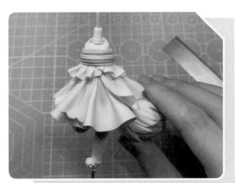 

 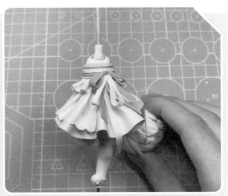

步骤 15. 在系带蝴蝶结中间还有脖子的系带上各制作一个毛球。

步骤 16. 用黏土搓出一个圆锥形后，用丸棒挤压出一个坑，该形状作为袖子。用手指把袖子边缘捏薄。

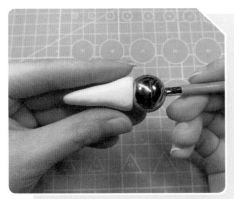 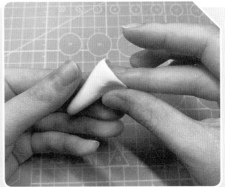

步骤 17. 使用棒针压出衣褶，此处上下各压一下，压痕不要平行，最后在中间位置再压一下就能形成一个褶子。

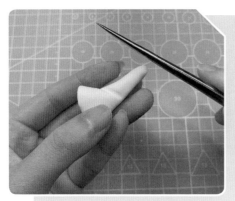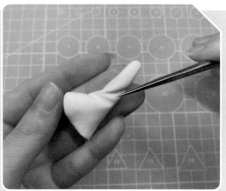

步骤 18. 把袖子接上肩膀位置，调整形状。

步骤 19. 按下图形状制作第 2 个袖子，也可以用刀片裁成这个形状。

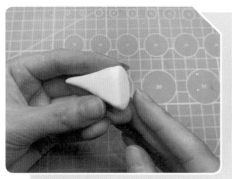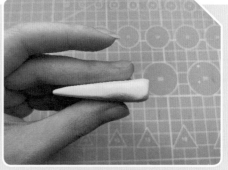

步骤 20. 压出袖子衣褶。

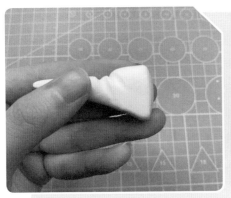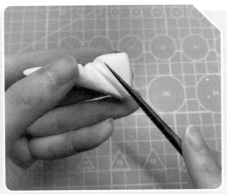

步骤 21. 弯折调整袖子的形状。

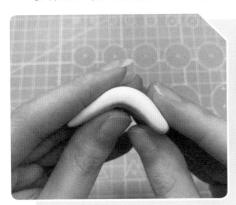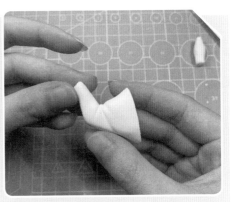

步骤 22. 把第 2 个袖子接上，剪掉多余部分。袖子干了之后，把头接上身体，检查脖子尺寸是否合适。

步骤 23. 剪掉手办脖子的多余部分，不必追求一次到位，因为剪掉就接不回去了，脖子剪得过短只能重做。把头和身体组合。

6.1.9 制作手部

步骤 1. 先搓出一个蘑菇的形状，然后用手指把它捏扁，再剪出手办的大拇指，做出手部的大形。

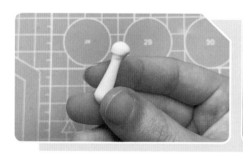
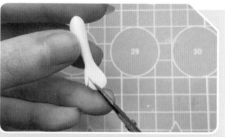

步骤 2. 修剪掉手办手部多余的黏土。用抹刀在手办手掌和手指的交界处压出压痕。

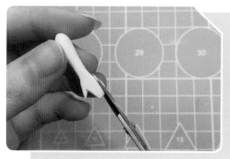
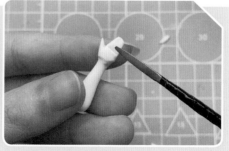

步骤 3. 调整手部，用棒针滚压调整出虎口。

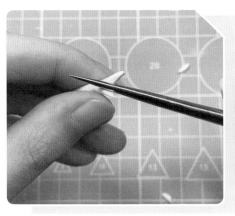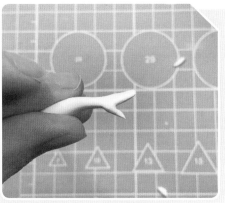

步骤 4. 手办剪出手部四个手指，其中中间两个手指长一些。用抹刀调整指缝。用抹刀在手指中间轻轻压一下。

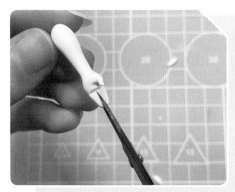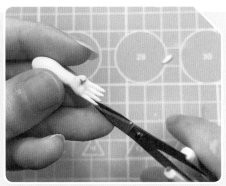

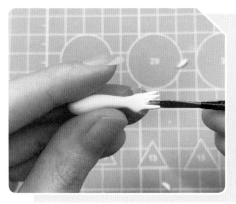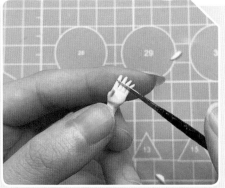

步骤5.调整出拿东西的手势。在打算固定手的位置插入一节牙签。

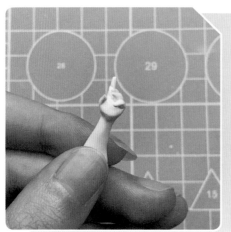

步骤6.连接制作好的手，这一步需要等到手晾干。

6.2
糖葫芦的制作

本节为大家介绍**糖葫芦**配件的制作方法。

步骤 1. 这里需要从文件夹上剪下一小块备用，文件夹是很常用的耗材，建议购买材料的时候多买几份。

步骤 2. 取大红色黏土搓球，等干后用牙签穿起来。

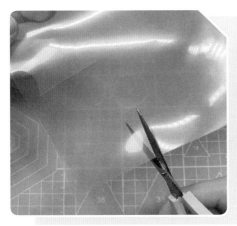
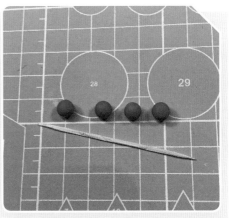

步骤 3. 拿出 UV 胶和色精进行调色。这里需要把黄色和橙色的色精混合调色，然后将调好的颜色用透明 UV 胶稀释出黄糖的颜色。

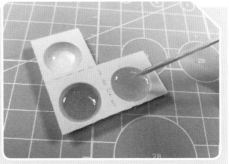

步骤 4. 把调好色的 UV 胶涂在串好的糖葫芦上。把涂好胶的糖葫芦平放在裁好的文件夹上。

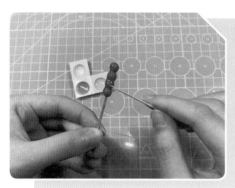 

步骤 5. 用紫外线灯烤干 UV 胶。把做好的糖葫芦放在人物手上，剪掉糖葫芦上牙签的多余部分。

步骤 6. 丰富细节，用色粉在手办的耳朵尖和膝盖处扫上粉色。

 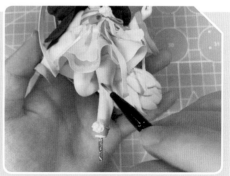

6.3
底座的制作

本节为大家介绍底座的制作方法。

步骤 1. 先拿出一块黏土铺在底部，做成想要的大小。再把废土填入底座。

步骤 2. 上面再盖一层黏土，填充废土可以让底座干得更快。把干燥的废土或者干燥的土块切割撕出棱角，这些涂装好后就是石头。

步骤 3. 把撕好的土块放在之前做好的地台上。

步骤 4. 晾干后把人物放上去看看稳不稳，不稳就继续调整。

步骤 5. 用黑色和棕色颜料给底座上底色，这里最好使用比较大的笔刷。

步骤 6. 用黑色加白色调出灰色。这里需要用干燥的笔刷，用灰色干刷出石头纹理，最后再用白色在棱角处提亮一次。

步骤 7. 把白乳胶平铺在底座上。　　　　步骤 8. 先撒上一层深色树粉，再撒
上浅色和黄绿色的树粉做出颜色层次。

步骤 9. 等胶水干了之后底座就做好了，可以把人物固定在底座上，整个作品就
完成了。

6.4
兔子灯的制作

本节为大家介绍兔子灯的制作方法。

步骤 1. 用白色黏土包裹上铁丝（这里用的是花艺铁丝，并在外面裹了一层绿色的纸，如果潮湿的黏土直接和铁丝接触，铁丝会在内部生锈）。

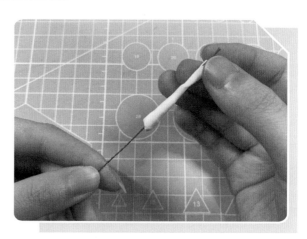

步骤 2. 用压泥板把棒子搓均匀，晾干。

步骤 3. 把树脂素材土或者瓷玉土擀制成一个比较厚的泥片，晾干。

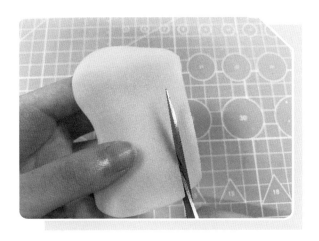

步骤4. 步骤3做好的泥片晾干后用剪刀或者刀片裁成四个大小一样的长方形泥片。

步骤5. 把401胶水滴在容器里，用铁丝蘸取使用。把裁好的四个泥片粘在一起，组成灯的主体。

步骤6. 把粘好的灯罩按在圆形黏土片上（这里的黏土片需要一定厚度），剪裁掉黏土片的多余部分，晾干。

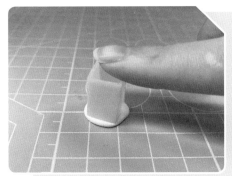
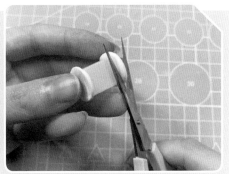

步骤 7. 把晾干的棒子用手弯折成图中的形状或者自己喜欢的其他形状。增加装饰。

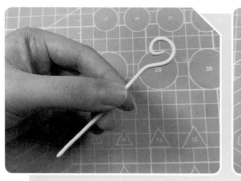 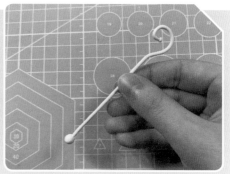

步骤 8. 搓细泥条缠绕在棒子上（这里需要预留出一节），晾干。搓一个细条，等细条半干后，在中间位置裹上黏土（做成球形）晾干。

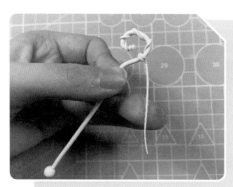 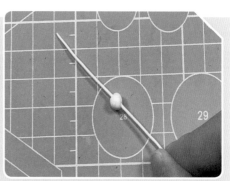

步骤 9. 在晾干的球上以及棒子一端的圆球上，加湿土制作毛绒效果，晾干备用。

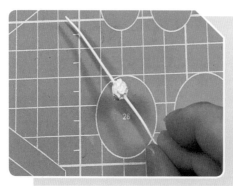 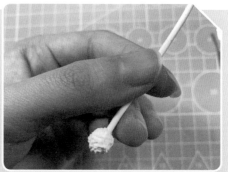

步骤10. 擀好的白色薄片晾干，用剪刀剪出流苏的细丝。把剪好的流苏裹起来用白乳胶固定。

步骤11. 在流苏顶部用浅粉色土戳出毛绒效果。用已经晾干的配件底部去连接它，一定要让连接的线晾干，否则不够硬无法固定在流苏上。

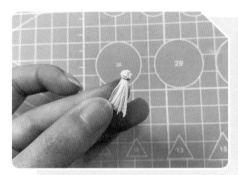 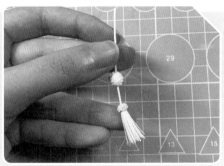

步骤12. 用湿土在晾干的灯上下两端做毛绒效果，把晾干的细线直接插入做好的顶部毛绒，并且组合流苏部分，晾干。

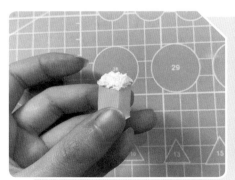 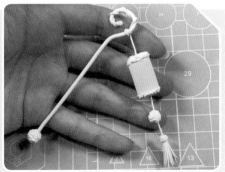

步骤 13. 用压泥板压出两个短短的椭圆形兔耳朵。

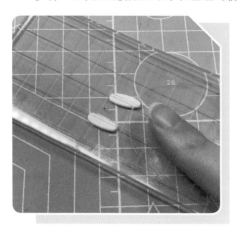 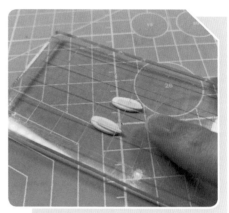

步骤 14. 剪掉耳朵底部。用胶水把耳朵固定到灯上。

步骤 15. 完成步骤 14 后，把灯晾干，然后用湿白土补充，戳出毛绒造型。

步骤 16. 用蓝色色粉在棒子底部做蓝色晕染。

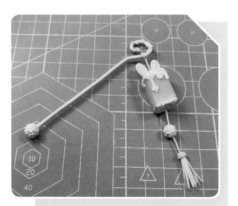 

步骤 17. 兔兔灯就做好啦。

第7章
超轻黏土手办——
紫阳花布丁的制作

本章讲解超轻黏土手办——紫阳花布丁的制作。本案例使用蝴蝶结头饰和多种造型紫阳花元素，制作步骤复杂精细，许多细节在制作时需要足够的耐心。

【本案例的主要材料及工具】

　　黏土、瓷玉土、铅笔、勾线笔、丙烯颜料、丙烯刷、眼影刷、色粉、消光喷漆、三件套工具、棒针、压泥板、擀面杖、牙签、小剪刀、花边剪刀、蛋形辅助器、铁丝、泡沫晾干台、钳子、刀片、白乳胶、细节棒、珠光黏土、树脂土、金色珠链、半圆模具、透明滴胶、AB胶、珍珠饰品、色精、白色果酱、切圆工具等。

扫码下载原画

7.1
绘制面部

面部的绘制主要分为四部分：选用褐色丙烯颜料勾画眼线、睫毛、眉毛等；用粉色、蓝色丙烯颜料刻画眼球；用白色提高刻画高光的细节；用色粉表现腮红。

步骤 1. 用浅色铅笔在准备好的脸上轻轻画上草稿。

步骤 2. 用肉色丙烯颜料加少许白色丙烯颜料用水调和，用勾线笔勾上草稿线条。

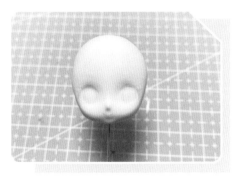 

步骤 3. 用熟赭色丙烯颜料加少许白色丙烯颜料用水调和后加深上眼线。

步骤 4. 用深红色丙烯颜料加大量白色颜料用水调和后，调成浅粉色，画上眼球底色。

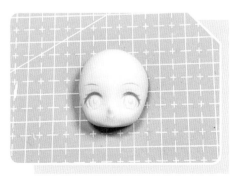 

步骤5.用湖蓝色丙烯颜料加大量白色颜料用水调和后，调成浅蓝色，叠加第二层颜色。

步骤6.用湖蓝色丙烯颜料加少许白色颜料用水调和后（比第二层颜色要深一些），画出瞳孔和眼球上部的弧形阴影。

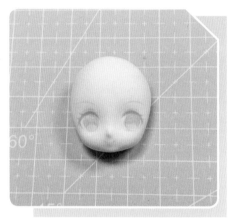

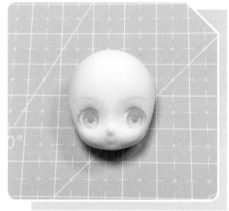

步骤7.用熟赭色丙烯颜料加深一下眼线和下眼线，画出眉毛和睫毛还有双眼皮和嘴巴大形。

步骤8.画出眼白和眼里的高光，用粉色丙烯颜料涂一下眼球上方的反光。

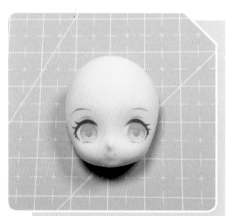

步骤 9. 将湖蓝色丙烯颜料用水调和后，用细一点的线条勾一下眼球的上半边，还有小高光勾一下边。

步骤 10. 用培恩灰色丙烯颜料加大量白色颜料调成浅灰画一下白眼球的阴影。

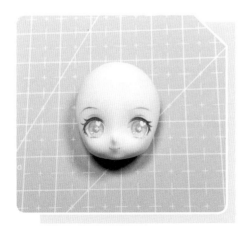

步骤 11. 用刷子蘸取适量的红色眼影和腮红，均匀地扫在眼头眉间。唇部涂红色，涂好后用消光喷漆固色。

7.2
制作后发

人物的后发选用白色黏土捏出球状，然后包住手办面部的背部，做成饱满状态的后脑造型，用棒针辅助压出头发的压痕，让头发看起来更加逼真。两端分别添加马尾状发束，组合成头发主要结构。

步骤 1. 取出一块白色的黏土，在脸的后面比一下大小。

步骤 2. 把手办面部的背部包住，记得把额头留出来。

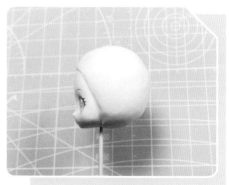

步骤 3. 旋转观察一下正面的造型是否合适。

步骤 4. 用三件套工具里面的刀在手办后脑中间的位置竖着压一刀。

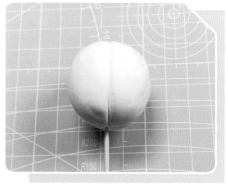

步骤 5. 在侧面标出头发扎起来的位置，两边要对称。

步骤 6. 沿着头发中缝，用棒针向前压出发痕。手办后脑的发痕，不要压得特别有规律，也不要压得特别乱。

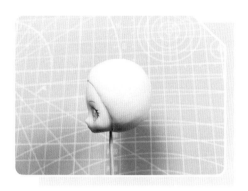

步骤 7. 正面也需要压出发痕。

步骤8.侧面的发痕按照下图压出来。

步骤 9. 取两块一样多的白色黏土，分别搓成球体。

步骤 10. 分别把球体搓成中间粗两边细的条状。

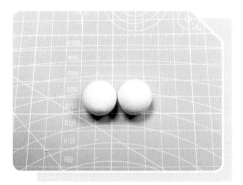

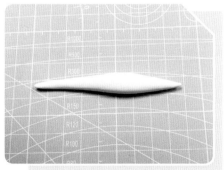

步骤 11. 用压泥板压一下，再把边缘捏薄。

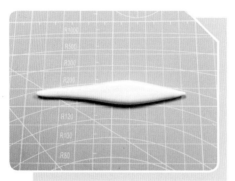

步骤 12. 把步骤 11 中做好的黏土条用手指弯出弧度。

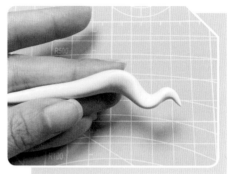

步骤 13. 下面的小弯弧度要大一些。

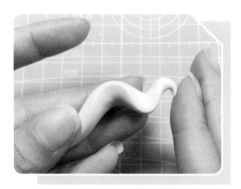

步骤 14. 另一边也弯一下，弧度没有步骤 12 中的大。

步骤 15. 用剪刀把多余的黏土剪掉。

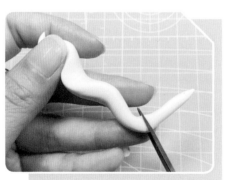

步骤 16. 用细节棒在上面画出一些发痕。

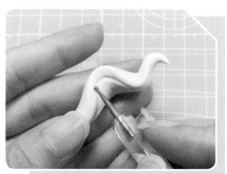

步骤 17. 把另一块黏土按左右对称的样式做造型。

步骤 18. 放在头上比一下，粘贴在合适的位置，然后晾干。

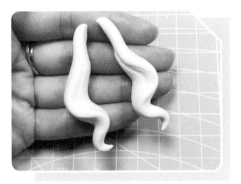

7.3
刘海的制作

本节为大家介绍刘海的制作方法。

步骤1.取出白色的黏土，捏成梭形，稍压一下。

步骤2.把做好的梭形黏土片压在蛋形辅助器上，用三件套中的刀形工具压出刘海的大形。

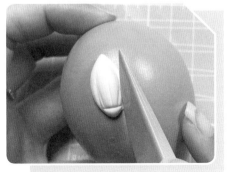

步骤3.用剪刀剪出刘海的细节。

步骤4.把剪好的刘海粘在头上。

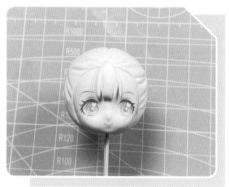

步骤5.用棒针在刘海上面压上发痕。

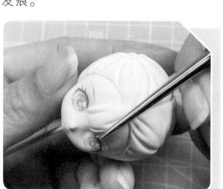

步骤6.用黏土搓一个细一点的梭形。

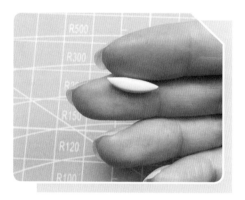

步骤7.把步骤6做好的发片压在刘海旁边,在上面压上发痕。

步骤8.用蛋形辅助器做出另一边的发片。

步骤9.剪掉多余的黏土。剪好后的黏土粘在中间头发的左边。

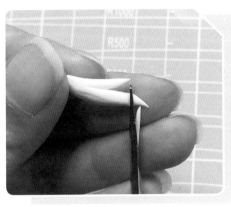

步骤10.准备好三等份的白色黏土，再分别搓成条。

步骤11.把三根黏土条的一端粘在一起。

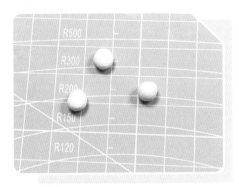

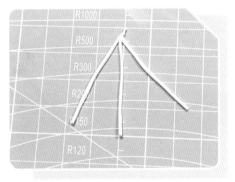

步骤12.像编辫子一样左边的一根往右边的两根中间折。

步骤13.右边的一根往左边两根的中间折。

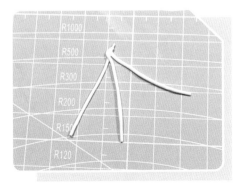

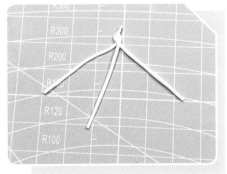

步骤14.按照上述规律重复编下去。

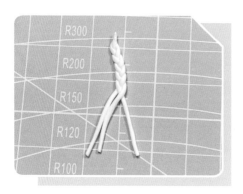

步骤15.把编好的细麻花辫粘在如下图所示的位置，再把多余的部分剪掉。

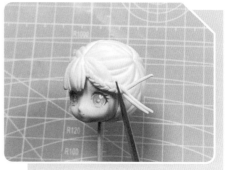

步骤16.在刚粘好的麻花辫上面压出发痕。

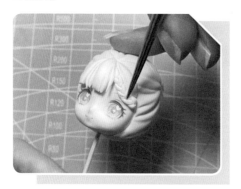

步骤17.用肉色的黏土搓出一个细水滴形。

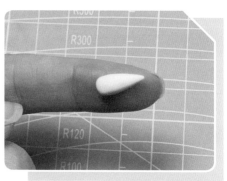

步骤18.在水滴形黏土靠左三分之一的位置用棒针压一下，作耳朵。

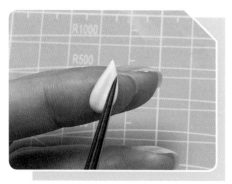

步骤19.在头上比好斜着的角度，把多余的黏土剪掉。

步骤20.把步骤19做好的耳朵粘在手办脸上，用细节棒压出耳洞。

步骤21.把另一边的耳朵用同样的方法制作出来粘好。

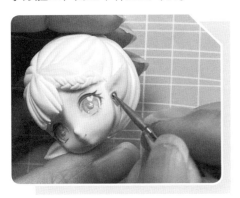

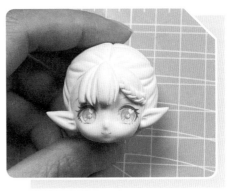

步骤22.用白色黏土搓一个小条并压扁。

步骤23.用剪刀剪出细发丝。

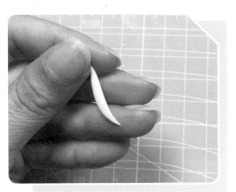

步骤24.调整一下发丝的动态。

步骤25.把发丝粘在鬓角处。

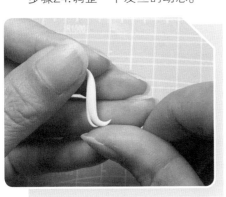

步骤26.两边的发丝都制作出来。

步骤27.用黏土搓出一个长一点的梭形,然后适当压扁。

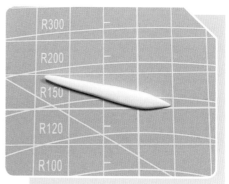

步骤28.剪出短一点的细发丝。

步骤29.用手指弯出弧度。

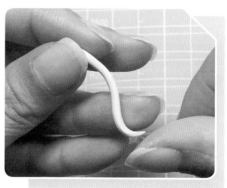

步骤30.把做好的发片粘在鬓角前面一些,挡住之前包后发的接缝。

步骤31.另一边发丝也用同样的手法做好。

步骤32.在手办头两侧耳朵上面的位置分别加一条翘起来的头发。

7.4
双马尾发丝的制作

本节为大家介绍双马尾发丝的制作方法。

步骤 1. 用手掌搓出两条长一些的白色黏土条。

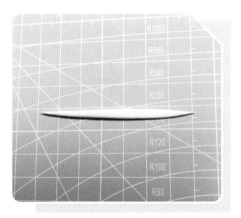

步骤 2. 用压泥板把长条形黏土压扁压宽一些,两边的边缘部分需要压薄。

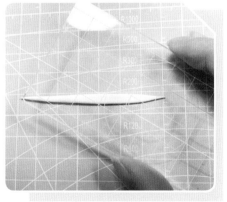

步骤 3. 按照之前头发的弧度贴上去，注意两边的位置相同。

步骤 4. 再用白色黏土搓一条比步骤 3 的发丝更细一些的发丝，给它做出弯曲弧度。

步骤 5. 搓好的黏土条粘贴在马尾外面一点的位置，另一侧也是同样的操作。

步骤 6. 贴好后，调整好双马尾整体的动态。注意，后面为了方便操作，可以先马尾取下来单独制作。

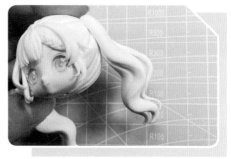

步骤 7. 再用上面的方法，在头发里面的位置再加一缕头发，两边马尾都要制作。

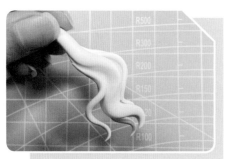

步骤 8. 再用黏土搓一根很细的发丝，发丝的两端较细。

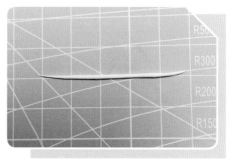

步骤 9. 把步骤 8 做好的发丝交错放在以前做好的粗一些的发丝上面。

步骤 10. 用同样的方法背面也加上一根，随着头发的弧度贴。

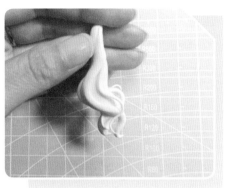

步骤 11. 两个双马尾制作完成。

步骤 12. 用前面编麻花辫的方法，编出两条麻花辫。

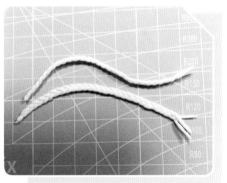

步骤 13. 用剪刀在步骤 12 做好的麻花辫两边都剪出一个角。

步骤 14. 把麻花辫粘贴在头发两边，多余的需要剪掉。

7.5
制作头饰

本节为大家介绍三种头饰的制作方法。

7.5.1 蓝色蝴蝶结头饰

步骤 1. 用浅蓝色珠光黏土裁出两个下图所示的薄片。

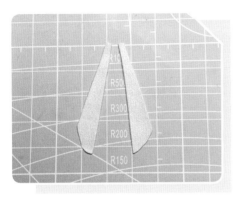

步骤 2. 两个薄片粘在一起,贴在头部(接头偏右边一些)。

步骤 3. 再取一块黏土,搓成水滴形并压扁。

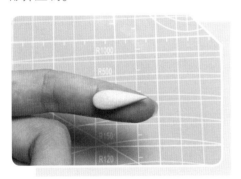

步骤 4. 把水滴形黏土宽的一边剪整齐,用棒针斜着压出布褶。

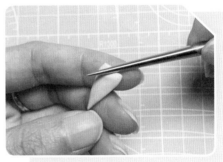

步骤 5. 在水滴形黏土尖头中间位置压出一个布褶。

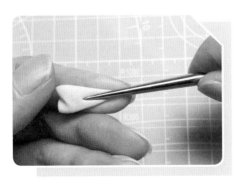

步骤 6. 同样的方法做出两个水滴形布褶,将两个水滴形黏土组合在一起并粘在发际线处。

步骤 7. 做一个用窄一些的黏土片把蝴蝶结中间包一下。

步骤 8. 在手办的头上面随自己喜好放上一些花作点缀，可以参考下图的大小和摆放位置。

7.5.2 花边造型头饰

步骤 1. 把浅紫色黏土搓条压扁并裁成长条，然后剪出中号花边。

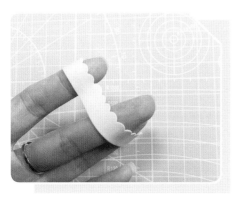

步骤 2. 用手指捏出折叠花边造型。

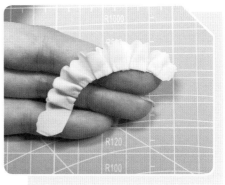

步骤 3. 把花边粘贴在发际线的位置。

步骤 4. 再用深紫色黏土裁成条，折出花边。

步骤 5. 把深紫色花边压在浅紫色花边上面，位置稍靠后一些（控制好长度）。

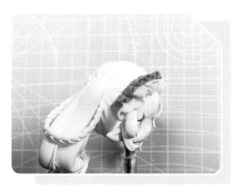

步骤 6. 裁出一条细一些的浅蓝色珠光黏土条。

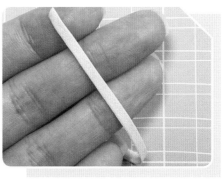

步骤7.压在花边后面的接缝处。

步骤8.依据图上位置和大小，在
头饰前面粘上几朵小花。

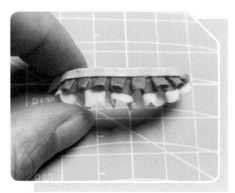

7.5.3 玫瑰黑纱帽子头饰

步骤1.将黑色黏土用压泥板压成一个有厚度的圆。

步骤2.用黑色黏土捏出一个圆柱体并压扁。

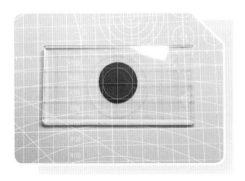

步骤3.用黑色黏土和瓷玉土1：1混合后擀成片，裁出一宽一窄两个片。

步骤4.把黏土片折上褶皱，边缘用花边剪剪出花边，制作出半透黑纱的效果。

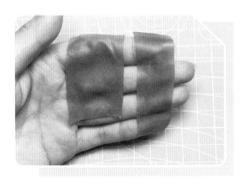

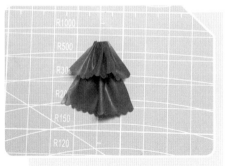

步骤5.把圆柱和圆片粘在一起，组合成小帽子。再用金色的树脂土擀片，剪出花边粘在帽子上。

步骤6.制作好的黑纱粘在帽子左侧。

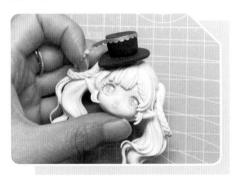

步骤 7. 用黑色黏土片裁出两个小叶子的形状。

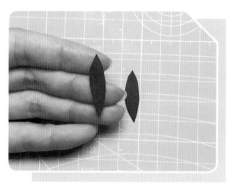

步骤 8. 叶子的两端对折粘好。

步骤 9. 分别把折叠后叶子的两个角粘在一起，做好是蝴蝶结的造型。

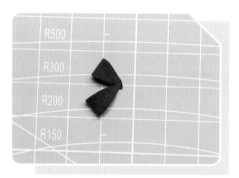

步骤 10. 用金色丙烯颜料给蝴蝶结画上花纹。

步骤 11. 用白乳胶把金色珠链在帽子衔接处贴一圈。做好的蝴蝶结装饰粘在黑纱和珠链的接缝处。

步骤 12. 再用一些金色珠链做成环形粘在帽子左侧装饰。

步骤 13. 红色和蓝色黏土混成暗红色的黏土。取一小块暗红色黏土粘在牙签的一端，当作玫瑰花的花心。

步骤 14. 做出暗红色小圆片。

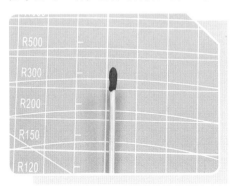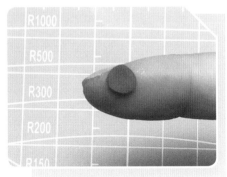

步骤 15. 小圆片粘在牙签上包住花心。

步骤 16. 将圆形花瓣一层一层地贴上去。

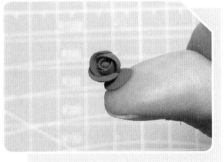

步骤 17. 贴到下图这个程度，就是一朵完整的玫瑰花造型。

步骤 18. 制作出一大一小两朵玫瑰花。

步骤 19. 把做好的两朵玫瑰花粘
在帽子造型上，作为最上层的装饰遮
住前面的接缝。

7.6
素体的制作

扫二维码看视频

本节为大家介绍人物身体上半部分素体的制作方法（扫码看教学视频）。

步骤 1. 先把白色黏土搓成水滴状，
水滴形尖头再搓出脖子，做出身体的
基础造型。

步骤 2. 用手指轻轻捏出身体的
厚度。

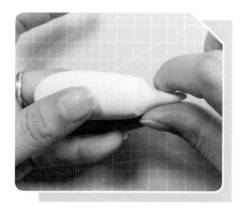

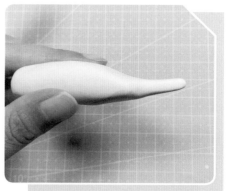

步骤 3. 用手指摁压出肩膀的宽度，还有腰的位置。

步骤 4. 用棒针工具辅助滚出腰的曲线。

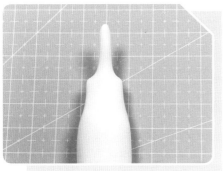

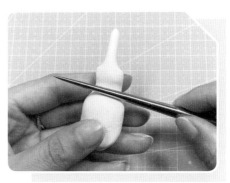

步骤 5. 捏出臀部的曲线。

步骤 6. 用手指压出胯的位置。

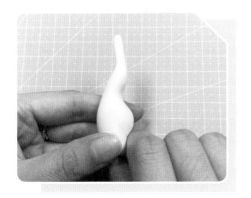

步骤 7. 用剪刀沿着压的痕迹剪出臀部轮廓。

步骤 8. 人物素体制作完成。

7.7
腿部的制作

扫二维码看视频　　扫二维码看视频

本节为大家介绍腿部的制作方法（扫码看教学视频）。

步骤 1. 白色黏土搓出如下图所示长条，外形呈萝卜形。

步骤 2. 在黏土条中间的位置用手指搓一下，搓出小腿。

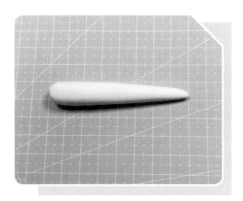 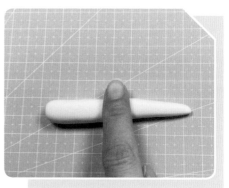

步骤 3. 再用手指搓出脚踝处的轮廓。

步骤 4. 用手指摁压腿部上下两部分中间的位置，做出膝盖。

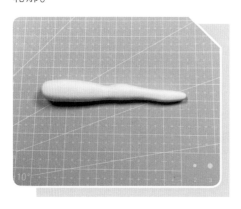 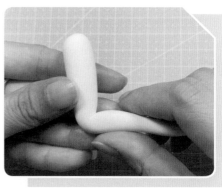

步骤 5. 把小腿下半部分搓细，往左边推一些，预留出脚部。

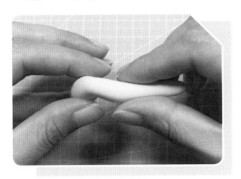

步骤 6. 把黏土条大腿部分的衔接处按照人体的角度剪一下。

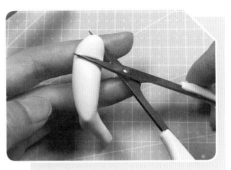

步骤 7. 把人物素体和左腿连接一下。

步骤 8. 把右边的腿用相同的方法制作出来，只是要注意，做小腿时，要把小腿肚往右推一些。

步骤 9. 把右腿同样粘在人物素体上，晾至半干。

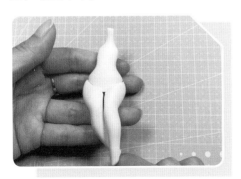

步骤 10. 用黏土搓一个白色柱体。

步骤 11. 柱状黏土前端做出脚的形状。

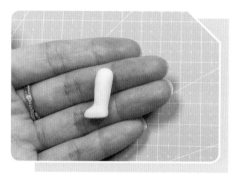

步骤 12. 用手指搓细脚踝，做好的黏土块作为袜子与腿部拼接。

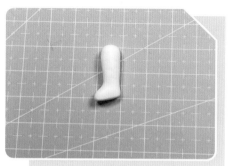

步骤 13. 把半晾干的腿部在小腿三分之一处剪短。

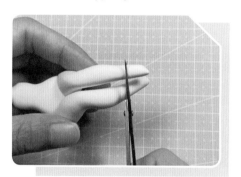

步骤 14. 把做好的白色小袜子粘上去，两只脚都是同样的方法。

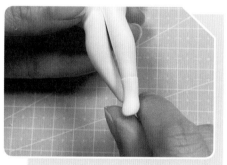

7.8
紫阳花的制作

本节为大家介绍紫阳花的制作方法。

步骤 1. 浅紫色黏土按照 1：1 的比例加入瓷玉土，混合均匀后搓成出水滴形。

步骤 2. 在步骤 1 完成的水滴形底部用小剪刀竖着剪一个十字，做出初步花型。

步骤 3. 用白棒在一个花瓣正中间压一下，再向两边滚一下，压出花瓣。

步骤 4. 用同样的方法压出剩下的三个花瓣。

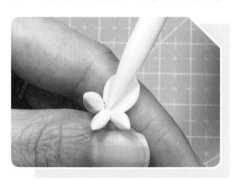

步骤 5. 再用黏土做一个小圆球放在中间作为花心。

步骤 6. 在小圆球上面压上十字。

步骤7. 用白棒在花心侧面十字的四个顶点处戳一下，让花心的状态更加饱满。

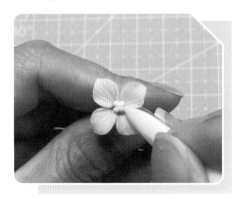

步骤8. 按以上步骤制作出不同大小的紫阳花并晾干，颜色分成深紫色、浅紫色、紫罗兰色。

步骤9. 用紫色轻黏土做一个半球形的内坯。

步骤10. 把晾干的紫阳花都插在内坯上面。

步骤11. 用小刷子蘸一些紫色的色粉扫在花瓣上，让花瓣的颜色层次更加丰富。

7.9
紫阳花冻的制作

本节为大家介绍紫阳花冻的制作方法。

步骤 1. 准备两个大小不一样的半圆模具。

步骤 2. 用铁丝把花固定，然后悬在半圆模具中，要防止之前晾干的绣球变形。

步骤 3. 把透明滴胶和 AB 胶按 1:3 的比例调好。

步骤 4. 把混好的透明滴胶滴入模具中至四分之三高度的位置。

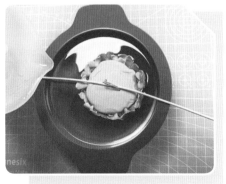

步骤 5. 放置到滴胶呈黏稠状态后，放入珍珠饰品。

步骤 6. 把第一层滴胶放干之后，再调一些白色滴胶（在胶中加入一些白色的色精），填满圆形模具。

步骤 7. 滴胶全部干透后脱模即可，同样的方法做一大一小两个紫阳花冻。

步骤 8. 用白色果酱在紫阳花冻上画出炼乳的形状。

7.10
鞋袜的制作

本节为大家介绍鞋和袜子的制作方法。

步骤 1. 把白色超轻黏土擀片，再用花边剪剪出花边。

步骤 2. 另外一边也剪出花边。

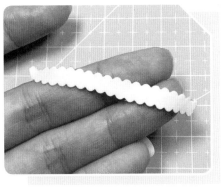

步骤 3. 剪好的花边粘在袜子的接缝处。

步骤 4. 用紫色黏土擀片，裁成一个半椭圆形，再用小圆切模工具在上面压出一个圆形，按下图中虚线示意用剪刀剪开。

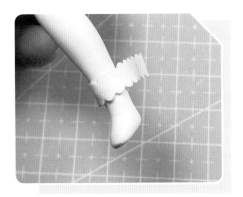

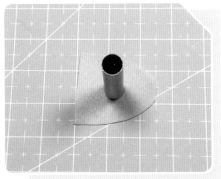

步骤 5. 把黏土片贴在鞋头的位置，然后把黏土片在脚跟处对齐，再用剪刀剪掉多余的黏土。

步骤 6. 把脚底多余的黏土剪掉。

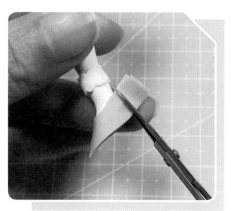

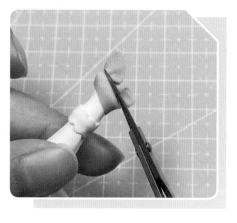

步骤 7. 用棕色的黏土搓成两个小椭圆形并压扁（这两个椭圆形黏土片需要和脚底差不多大小）。

步骤 8. 把椭圆形黏土片粘在脚的下面当作鞋底。

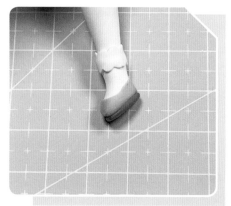

7.11
裙子的制作

本节为大家介绍裙子的制作方法。

步骤 1. 把人物素体在腰的位置切断。

步骤 2. 用白色黏土擀片，再用切圆工具压出一个圆形（圆形的半径大约等于大腿的长度）。

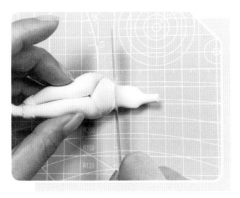

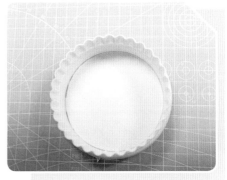

步骤 3. 在圆形黏土片上，从外圆的一个点向圆心剪一刀。

步骤 4. 把圆形黏土片粘在下半截素体上，做一个裙子的内衬，黏土多出来的部分可以叠放在一起。

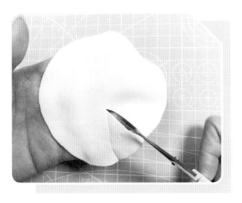

步骤 5. 裙子的背面向下压，使裙子贴在腿部。

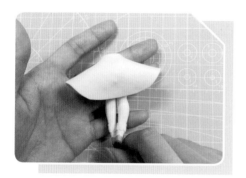

步骤 6. 把上身确定一下位置安装好。

步骤 7. 做出一条白色薄片，用两根手指来回左右压折，做出花边。

步骤 8. 花边折好后剪掉左右两侧，再做一段（总长度约为刚做好的裙子内衬边的长度）。

步骤 9. 把步骤 8 做好的花边贴在做好的内衬边缘，贴满一圈。

步骤 10. 擀一个白土片，用刀片切成扇形，再分切成四等份。

步骤 11. 切好的四等份黏土叠贴在一起，贴在裙子上，遮住花边接缝，再把多余的长度剪掉。

步骤 12. 用浅紫色黏土擀一个薄片，用大切圆工具切成一个圆片（和步骤 2 的圆大小相等），再用小切圆工具在中心位置挖出一个小圆孔。

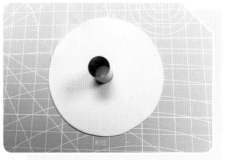

步骤 13. 用花边剪沿着圆形边缘剪一圈。

步骤 14. 用剪刀剪出一个扇形缺口，方便黏合。

步骤 15. 把做好的黏土片粘在裙子内衬上面，并整理成波浪造型。

步骤 16. 底部需要遮住花边的裂缝。

7.12
上衣的制作

本节为大家介绍上衣的制作方法。

步骤1.用浅紫色黏土擀片并裁成长条,按照左下右上的顺序叠放在身体上,作为上衣基础。

步骤2.用剪刀把多余的黏土剪掉。

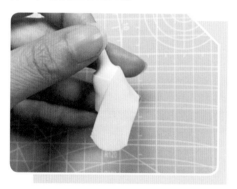

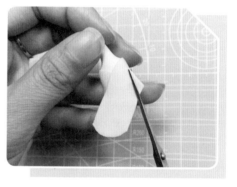

步骤3.用白色的细黏土条沿着衣领边缘贴一圈。

步骤4.在浅蓝色黏土中混少许珠光白的树脂土,混合好后,压成片裁成长条粘在上下身裂缝处当作腰封。

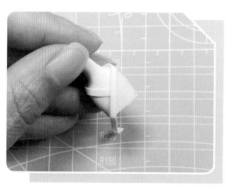

步骤5.用深紫色黏土和玫红色黏土调出比较深的紫色黏土，压片裁成比步骤4的蓝色长条细一些的黏土条，制作第二层腰封。

步骤6.用浅紫色黏土搓一个水滴状黏土块。

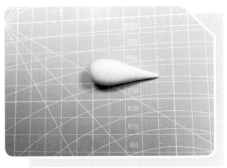

步骤7.用擀面杖在水滴形黏土的二分之一处向下擀一下。

步骤8.在步骤7处理后的黏土片尾部的位置用棒针从后面压出袖口。

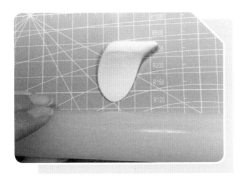

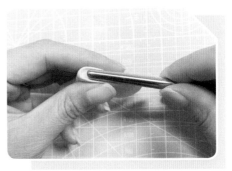

步骤9.用棒针压出衣服褶皱。

步骤10.用剪刀把袖子修剪一下。

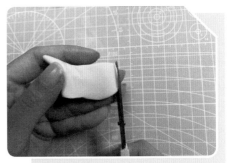

步骤 11. 把右边袖子粘上去看一下长短，根据情况进行修剪。

步骤 12. 做好的左边袖子在手肘的位置弯折一下，再用棒针压出衣服皱褶。

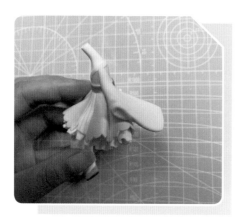

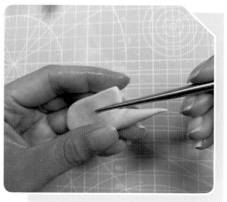

步骤 13. 把左边的袖子修剪一下，并压出袖口。

步骤 14. 把左边的袖子修剪好并粘在身体的左边。

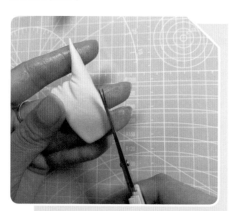

7.13
手部的制作

扫二维码看视频

本节为大家介绍手部的制作方法（扫码看制作视频）。

步骤 1. 用肉色黏土搓一个体柱，前面留出手的位置。

步骤 2. 把前面手的部分压扁。

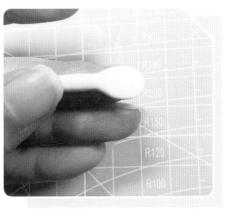

步骤 3. 先制作右边的手，剪出大拇指。

步骤 4. 用棒针把手指的位置擀得薄一些。

步骤5. 用剪刀先剪出两边的手指，再剪掉多余的部分。

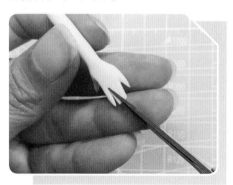

步骤6. 把中间两个手指剪开。

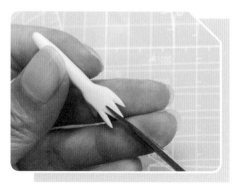

步骤7. 调整一下手型，然后剪掉多余的部分，再把手粘在袖子上。

步骤8. 制作左边的手，把手掌位置弯折一些。

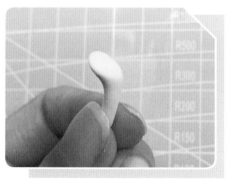

步骤9. 剪出拇指，调整一下角度。

步骤10. 把手指部分擀薄，剪出手指的形状。

步骤 11. 局部手指弯曲，调整出手型。

步骤 12. 剪去多余的部分，并把手粘在袖口处。

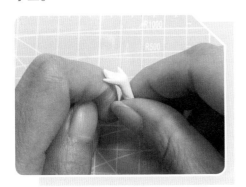

7.14
蝴蝶结的制作

本节为大家介绍蝴蝶结的制作方法。

步骤 1. 用深紫色超轻黏土擀成片，剪出下图的形状。

步骤 2. 把叶子形状的黏土片对折，尖尖粘在一起。

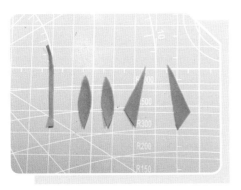

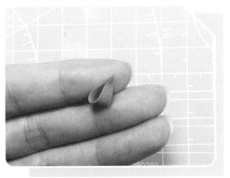

步骤 3. 分别把两个小叶子粘好，中间用细条裹起来。

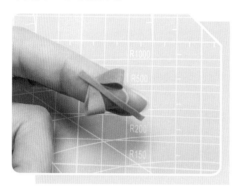

步骤 4. 把步骤 1 中两个三角形的黏土片粘在一起。

步骤 5. 把步骤 3 和步骤 4 做好的两部分组合在一起，做成蝴蝶结。

步骤 6. 用浅蓝色黏土细条装饰一下。

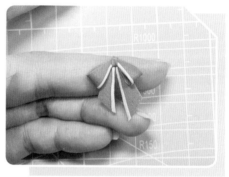

步骤 7. 做好的蝴蝶结用花边剪剪出花形边缘。

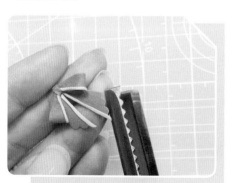

步骤 8. 用同样的方法制作出一大一小两个蝴蝶结。

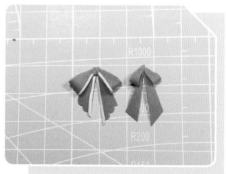

7.15
衣服配饰的制作

本节为大家介绍衣服配饰的制作方法。

步骤 1. 做一个深紫色长条形黏土。

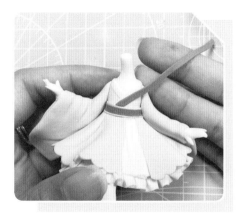

步骤 2. 将步骤 1 做的长条粘在衣领处（要留出一点白边）。

步骤 3. 用半圆比较小的花边剪剪出两边都是花边的白色黏土长条。

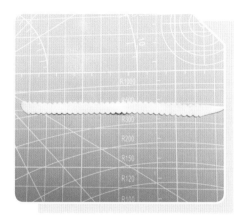

步骤 4. 把步骤 3 做出的黏土长条的一端塞在袖子里面。

步骤 5. 把黏土条绕肩膀一圈，把多余的剪掉。

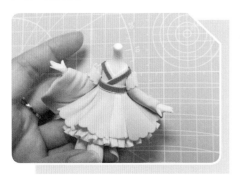

步骤 6. 用浅蓝色珠光黏土片裁出两个长条。

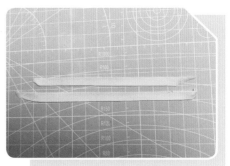

步骤 7. 用中号的花边剪剪出单边花边。

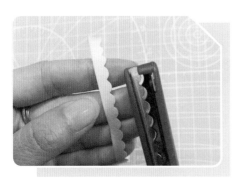

步骤 8. 把步骤 7 做好的黏土条分别粘在两个袖子边上，并把多余的剪掉。

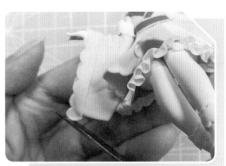

步骤 9. 用深紫色黏土裁出两条长条，粘在步骤 8 粘好的浅蓝色花边的接缝处。

步骤 10. 裁一条很细的深紫色长条，剪成小段。

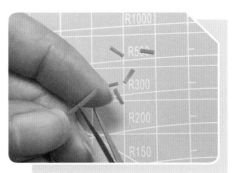

步骤 11. 把步骤 10 做好的小段粘在手办肩膀上的白色花边片上，一段一段地贴。

步骤 12. 将 7.14 做好的蝴蝶结粘在下图腰封的位置。

步骤 13. 在正面的袖子角处粘上一大一小两朵花，可以参考下图颜色搭配。

步骤 14. 在背面袖角也分别放上两朵花。

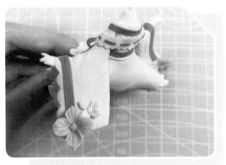

步骤 15. 在裙子上放上小花做点缀，可以参考下图。

步骤 16. 用小刷子蘸一些紫色的色粉，扫在裙子边缘位置，做出色彩渐变效果。

步骤 17. 给衣服上的小花也扫上色粉。

步骤 18. 把身体和头部连接起来，黏土手办"紫阳花布丁"的制作就完成了。